“十四五”时期国家重点出版物出版专项规划项目（重大出版工程）
中国工程院重大咨询项目
长江经济带生态文明建设重大战略研究丛书

第一卷

长江经济带生态环境空间管控与产业布局和城市群建设战略研究

中国工程院“长江经济带生态环境空间管控与产业布局和城市群建设战略研究”课题组

王金南　蒋洪强　吴文俊　刘年磊 等　主编

科学出版社
北京

内 容 简 介

本书从生态环境保护与经济社会协调发展的角度出发，深入分析长江经济带经济社会发展与生态环境现状及空间分布特征，对长江经济带生态环境承载力、污染物排放空间集聚特征与环境风险水平进行系统评估，提出了长江经济带生态环境空间分区与管控措施。在此基础上，开展长江经济带城市群建设、产业发展趋势与生态环境承载力之间的耦合关系分析，提出长江经济带城市群发展以及产业布局优化的战略建议，为推进长江经济带生态文明建设提供决策参考。

本书可供从事环境科学、生态学、区域空间规划研究、产业布局分析等方面的科研人员、管理人员和高等院校的有关专业师生参阅。

图书在版编目（CIP）数据

长江经济带生态环境空间管控与产业布局和城市群建设战略研究/王金南等主编. —北京：科学出版社，2023.6

（长江经济带生态文明建设重大战略研究丛书；第一卷）

“十四五”时期国家重点出版物出版专项规划项目（重大出版工程）

中国工程院重大咨询项目

ISBN 978-7-03-072498-4

Ⅰ. ①长… Ⅱ. ①王… Ⅲ. ①长江经济带–生态环境–环境管理–研究 ②长江经济带–城市群–发展战略–研究 Ⅳ. ①X321.25 ②F299.275

中国版本图书馆 CIP 数据核字（2022）第 099254 号

责任编辑：马 俊 孙 青 / 责任校对：严 娜

责任印制：吴兆东 / 封面设计：无极书装

科学出版社 出版

北京东黄城根北街 16 号

邮政编码：100717

http://www.sciencep.com

北京中科印刷有限公司 印刷

科学出版社发行 各地新华书店经销

*

2023 年 6 月第 一 版 开本：787×1092 1/16

2023 年 6 月第一次印刷 印张：10 3/4

字数：255 000

定价：149.00 元

（如有印装质量问题，我社负责调换）

长江经济带生态文明建设重大战略研究丛书
编委会

“长江经济带生态环境空间管控与产业布局和城市群建设战略研究”课题组成员名单

顾　　问	刘　旭	中国工程院，院士
	郝吉明	清华大学，院士
组　　长	王金南	生态环境部环境规划院，院士
主要执笔人	蒋洪强	生态环境部环境规划院，研究员
	吴文俊	生态环境部环境规划院，副研究员
	刘年磊	生态环境部环境规划院，副研究员
	张　伟	生态环境部环境规划院，副研究员
	武廷海	清华大学建筑学院，教授

主 要 成 员

专题一：长江经济带生态环境承载力评估与生态环境空间管控研究

刘年磊	生态环境部环境规划院，副研究员
蒋洪强	生态环境部环境规划院，研究员
吴文俊	生态环境部环境规划院，副研究员
刘斯洋	生态环境部环境规划院，助理研究员
卢亚灵	生态环境部环境规划院，副研究员

专题二：基于生态环境承载力的长江经济带城市群建设研究

武廷海　清华大学建筑学院，教授

汪　淳　北京清华同衡规划设计研究院有限公司，教授级高级工程师

卢庆强　北京清华同衡规划设计研究院有限公司，高级工程师

扈　茗　北京清华同衡规划设计研究院有限公司，高级工程师

张　能　清华大学建筑学院，助理研究员

钟奕纯　北京清华同衡规划设计研究院有限公司，中级工程师

蔡宏钰　北京清华同衡规划设计研究院有限公司，中级工程师

郭　顺　北京清华同衡规划设计研究院有限公司，中级工程师

余　婷　北京清华同衡规划设计研究院有限公司，高级工程师

杨钦宇　北京清华同衡规划设计研究院有限公司，中级工程师

专题三：基于生态环境承载力的长江经济带产业布局研究

张　伟　生态环境部环境规划院，副研究员

胡　溪　生态环境部环境规划院，高级工程师

程　曦　生态环境部环境规划院，助理研究员

张　静　生态环境部环境规划院，副研究员

段　扬　生态环境部环境规划院，助理研究员

丛 书 序

为贯彻落实党中央关于推动长江经济带发展的重大战略部署，深入推动我国生态文明先行示范带建设，中国工程院启动了重大战略研究与咨询项目——“长江经济带生态文明建设若干战略问题研究”。项目聚焦“保护与发展”关系主线，坚持生态优先、绿色发展原则，从长江经济带生态环境承载能力评估、生态环境空间管控与城市群建设、水资源与水生态环境安全保障、产业布局与绿色发展、生态修复与生态农林业发展、生态产品价值实现机制与模式创新等六大重点领域开展了深入研究，在反复研讨和广泛征询意见基础上，综合形成了项目研究报告。研究成果为加快推进长江经济带生态文明建设与绿色发展提供决策参考，得到了国家有关领导和部门的高度重视。

长江经济带是我国人口和经济集聚的核心区域，也是我国重要的生态宝库和水资源富集地区。近年来，长江经济带生态环境保护与修复取得重要成效，但产业结构、城镇化、资源能源、生态环境、体制机制等方面的问题仍十分突出。项目深入分析了长江经济带生态文明建设面临的新形势，并提出了八大挑战：①国土开发强度高，城镇人地矛盾日益突出；②产业布局与生态功能定位错位，局部区域生态环境问题突出；③环境承载力处于超载状态，环境质量改善面临巨大压力；④生态空间受挤占严重，生态安全受到严重威胁；⑤江湖关系受扰严重，水安全形势严峻；⑥能源结构单一化，能源开发与生态环境矛盾突出；⑦环境风险隐患多，饮水安全保障压力较大；⑧生态文明治理体系与治理能力现代化有待提高等。

在此基础上，研究从长江经济带生态环境形势、生态环境空间管控与绿色宜居城市建设、水资源-水环境-水生态安全与修复、绿色产业发展、生态修复与生态农林业发展、生态产品价值转化机制、生态文明制度体系与政策创新等七个方面系统地提出了长江经济带生态文明建设若干战略。研究进一步提出了优化国土空间格局，加快建立统一的生态空间管控体系，营造良好的长江经济带人居环境；从“产业-能源”多视角，推动长江经济带绿色高质量发展；统筹推进防洪保安，调控江湖关系，保护长江经济带水生态系统健康；长江经济带生态保护修复与生态农林业协同发展；加快推动长江经济带生态产品价值转化，保障区域生态公平；围绕“共”字，构建长江经济带生态文明治理新体系等政策建议。

本丛书汇集了项目研究综合卷和各课题分卷，提供了相关研究背景、主要论点和对策建议。本丛书是参与该项目的专家们的集体智慧结晶，期望它的出版能够为相关部门的科学决策和相关研究者提供借鉴，为推动我国生态文明建设发挥积极作用。

长江经济带是我国生态文明建设的先行示范带，对引领转型发展，增强区域发展的统筹协调性，带动全国经济与生态环境协调、统一、高质量发展起到了带动作用。生态文明建设，关乎人民福祉和民族未来，是一项长期、复杂的综合性系统建设。由于各种原因，书中难免有疏漏和不够妥当之处，敬请读者批评指正。

中国工程院“长江经济带生态文明建设
若干战略问题研究”项目组
2022年12月

前　言

习近平总书记强调，生态文明建设是关系中华民族永续发展的根本大计。党的十八大以来，我国开展了一系列根本性、开创性、长远性工作，不断推进生态文明顶层设计和制度体系建设。当前，我国生态文明建设进入了新时代。习近平总书记在 2018 年全国生态环境保护大会上指出，要加快构建生态文明体系，加快建立健全以生态价值观念为准则的生态文化体系，以产业生态化和生态产业化为主体的生态经济体系，以改善生态环境质量为核心的目标责任体系，以治理体系和治理能力现代化为保障的生态文明制度体系，以生态系统良性循环和环境风险有效防控为重点的生态安全体系。

长江经济带经济社会与生态环境地位突出，党中央、国务院高度重视长江经济带生态环境保护工作。习近平总书记多次对长江经济带生态环境保护工作作出重要指示。目前，长江经济带生态文明建设与经济发展之间的矛盾依然十分突出。长江经济带生态空间管控能力不足，生态系统退化趋势加剧问题日益明显。沿江产业布局有待优化，污染物排放基数大，长江岸线、港口乱占滥用、占而不用、多占少用、粗放利用的问题仍然突出。固体危险品、废品跨区域违法倾倒呈多发态势，污染产业向中上游转移风险加剧。沿线风险源分布密集，环境风险防控压力大。生态产品价值实现路径与机制亟须探索。生态环境协同保护体制机制亟待建立健全，市场化、多元化的生态补偿机制建设进展缓慢，长江保护法治进程滞后，生态环境协同治理较弱，难以有效适应全流域系统性管理的要求。

为深入贯彻习近平生态文明思想，丰富“绿水青山就是金山银山”理论体系，落实总书记“共抓大保护，不搞大开发”的指示精神，中国工程院高度重视长江经济带生态文明建设研究，于 2019 年设立“长江经济带生态文明建设若干战略问题研究”重大咨询项目，并下设长江经济带的生态环境空间管控与产业布局和城市群建设战略、产业绿色化发展战略、水安全保障与水生态环境修复战略、生态产品价值实现路径与对策及综合集成研究五个课题，本书是长江经济带生态环境空间管控与产业布局和城市群建设战略研究这一课题的成果。本书通过深入分析长江经济带生态环境现状及空间分布特征，系统评估长江经济带生态环境承载能力，强化“三线一单”硬约束，实施控制单元精细化管理，严守生态保护红线，提出长江经济带生态环境空间分区与管控措施，探索资源环境承载力和空间管控约束下的产业布局与城市群建设战略，这对于坚决遏制沿河、环湖各类无序开发活动，切实保护和改善长江生态环境，全面实施长江经济带发展战略和加快推进生态文明建设具有重要的意义。

中国工程院“长江经济带生态环境空间管控与产业布局和城市群建设战略研究”课题组

2022 年 12 月

目　录

绪　论

推动长江经济带发展，是党中央作出的重大战略决策，是关系国家发展全局的重大战略。习近平总书记对长江经济带发展做出重要指示，多次强调“共抓大保护，不搞大开发”。党的十八大以来，长江经济带绿色产业和城市群建设水平持续提升，生态环境保护修复工作成效显著。但总体来看，重化工业型产业结构、煤炭型能源结构、开发密集型空间结构尚未根本改变，生态敏感岸线受挤占现象仍然存在，绿色城市建设与产业发展水平亟待提升，生态环境空间管控能力亟须加强。

一、长江经济带生态环境保护修复取得积极进展

近年来，在党中央、国务院的推动和各地各部门的共同努力下，长江经济带生态环境保护工作取得积极成效，产业结构逐步优化，主要污染物排放强度下降，生态环境质量逐步改善，生态保护修复取得积极进展。与 2015 年相比，万元 GDP 化学需氧量和氨氮、二氧化硫、氮氧化物的排放强度分别下降了 49.8%、45.2%、58.3% 和 41.4%。2019 年地表水国控断面优于Ⅲ类水质比例提高 24 个百分点，劣Ⅴ类水质比例下降 9.3 个百分点。细颗粒物（$PM_{2.5}$）平均浓度下降 27%，可吸入颗粒物（PM_{10}）平均浓度下降 25%，二氧化硫平均浓度下降 53%。共营造林 1019.48 万 hm^2，长江防护林工程完成营造林 504.97 万 hm^2，完成退耕还林 572.79 万 hm^2，综合治理石漠化 357.33 万 hm^2，累计治理水土流失 47.29 万 km^2。2008～2017 年长江经济带生态价值增加了 103.9%，生态质量进入到高水平稳定阶段。

二、长江经济带生态环境空间保护与开发利用矛盾突出

1）生态敏感空间受挤占较为严重。近 20 年来，长江经济带生态系统格局变化剧烈，城镇面积增加 44.6%，农田面积减少 8.7%，野生动植物自然栖息地面积减少 3.2%，自然岸线保有率仅为 44.0%。局部岸线开发利用强度高，下游地区干流岸线开发利用比例高达 50%左右，江苏沿江岸线不到 1km 就有一个码头。岸线开发存在乱占滥用、占而不用、多占少用、粗放利用等问题。

2）城镇空间集约化利用水平不高。生态环境承载力评估表明，长江经济带生态环境总体处于橙色预警区。11 省市中，除贵州和云南外，5 省市处于橙色预警区，4 省市处于红色预警区。长江经济带的整体国土开发强度呈现“东高西低”特征，上游、中游、下游平均分别为 0.73%、2.28%和 13.06%。长三角地区开发强度超过或逼近人居环境极限。中心城市均以高资源消耗和高污染排放为代价换取经济的高速发展；紧邻中心城市的外围城市发展方式较为粗放，低经济水平和高消耗排放并存。随着城镇化发展，人、地、资源、环境、生态等之间的矛盾日益突出。

3）产业空间不合理带来的环境隐患多。化工、医药、纺织印染等高风险、重污染企业沿江密布，全国近一半的重金属重点防控区位于长江经济带，结构性、布局性风险突出。长江经济带内 30%的环境风险企业位于饮用水源地周边 5km 范围内，取水口和排污口交错分布，水运交通航道穿越水源保护区现象较多，饮用水安全保障形势严峻。干线港口危险化学品年吞吐量达 1.7×10^{8}t，超过 250 种，运输量仍以年均近 10%的速度增长。固体危废品跨区域违法倾倒呈多发态势，污染产业向中上游与农村地区转移风险加剧。

三、长江经济带生态环境空间管控等的战略建议

（一）加快建立长江经济带统一的生态环境空间管控体系

以《长江经济带国土空间规划》为基础，统筹整合现有的主体功能区划、自然保护地体系、生态功能区划、环境功能区划、生态保护红线等各类生态环境空间规划，统筹划定落实好生态、生产、生活与生态保护红线、城镇开发边界、永久基本农田的“三区三线”空间管控边界，形成统一的生态环境空间管控体系。进一步推进国土空间规划实施与“三线一单”相关政策的统筹衔接。推动建立长江经济带生态环境空间监测评估预警体系。进一步评估生态保护红线划分的合理性，实施严格有度的生态保护红线管控措施，实现在保护中促进开发、在开发中落实保护。

（二）严格管控长江经济带自然岸线空间

严格落实《长江岸线保护和开发利用总体规划》，科学划定岸线保护区、保留区、控制利用区和开发利用区边界，严格分区管理和用途管制。明确自然岸线保有率、

洲垸开发利用率、水源涵养区修复面积及河湖生态缓冲带修复长度等自然岸线保护和开发利用的约束指标，严控开发强度。严格禁止“一刀切”的岸线 1km 或 5km 企业搬迁措施。充分认识全球气候变化对沿江、沿海岸线的影响，制定相应对策措施。建立健全长江岸线保护和开发利用协调机制，进一步完善水利、自然资源、生态环境、交通等多部门分工合作、流域管理和区域管理相结合的岸线管理体制。强化岸线节约集约利用，加快建立岸线资源有偿使用制度，定期开展自然岸线中央环保督察专项行动。

（三）努力提升长江经济带城镇绿色空间

优化城市群空间布局，实行分类差别引导，不盲目“贪大求洋”，实现各城市建设精品化、绿色化、高质量发展。编制实施“长江经济带绿色基础设施建设规划”，依托自然生态环境条件，建设城市绿色生态环境空间，打造城市生态绿网体系，形成生态绿心、生态绿隔和城镇空间嵌套发展的城市布局模式。制定实施“长江经济带‘绿色复苏’计划”，建立长江绿色基金，加强海绵城市、零碳城市、新能源、智慧环保等的绿色基础设施建设。实施污水处理系统化管理，推进污水再生回用；构建污泥无害化处理模式；推动供热统筹与能源利用低碳化；推动长江经济带“无废城市”建设，实现固废资源化利用与安全处置。

（四）积极打造长江经济带绿色产业空间

以资源环境承载能力、生态功能定位、生态环境空间为刚性约束，合理确定产业发展方向、发展布局和开发强度，打破行政区划限制，构建上游、中游、下游特色突出、错位发展、互补互进的产业绿色发展新格局。加快落实长江经济带“三线一单”（生态保护红线、资源利用上线、环境质量底线和生态环境准入清单），引导产业布局和结构优化。编制落实“长江经济带差异化的生态环境准入清单和生态环境保护责任清单”。强化准入管理和底线约束，严格控制沿江水产养殖、石油加工、化学原料和化学制品制造、医药制造等项目，倒逼沿江重化工产业结构走向高端化、低碳化、绿色化。

第一章　研究背景

一、项目背景

习近平总书记强调，生态文明建设是关系中华民族永续发展的根本大计。党的十八大以来，我国开展了一系列根本性、开创性、长远性工作，不断推进生态文明顶层设计和制度体系建设。当前，我国生态文明建设进入了新时代。习近平总书记在2018年全国生态环境保护大会上指出，要加快构建生态文明体系，加快建立健全以生态价值观念为准则的生态文化体系，以产业生态化和生态产业化为主体的生态经济体系，以改善生态环境质量为核心的目标责任体系，以治理体系和治理能力现代化为保障的生态文明制度体系，以生态系统良性循环和环境风险有效防控为重点的生态安全体系。

党中央、国务院高度重视长江经济带生态环境保护工作。习近平总书记多次对长江经济带生态环境保护工作做出重要指示。2016年1月与2018年4月，习近平总书记先后两次参加推动长江经济带发展座谈会，强调推动长江经济带发展，理念要先进，坚持生态优先、绿色发展，把生态环境保护摆上优先地位，涉及长江的一切经济活动都要以不破坏生态环境为前提；强调“共抓大保护，不搞大开发”，努力把长江经济带建设成为生态更优美、交通更顺畅、经济更协调、市场更统一、机制更科学的黄金经济带。

目前，长江经济带生态文明建设与经济发展之间的矛盾依然十分突出。长江经济带生态环境空间管控能力不足，生态系统退化趋势加剧问题日益明显。沿江产业布局有待优化，污染物排放基数大，长江岸线、港口乱占滥用、占而不用、多占少用、粗放利用的问题仍然突出。固体危险品、废品跨区域违法倾倒呈多发态势，污染产业向中上游转移风险加剧。沿线风险源分布密集，环境风险防控压力大。生态产品价值实现路径与机制亟须探索。生态环境协同保护体制机制亟待建立健全，市场化、多元化的生态补偿机制建设进展缓慢，长江保护法治进程滞后，生态环境协同治理较弱，难以有效适应全流域系统性管理的要求。

为深入贯彻习近平生态文明思想，丰富“绿水青山就是金山银山”理论体系，落实总书记“共抓大保护，不搞大开发”的指示精神，中国工程院高度重视长江经济带生态文明建设研究，于2019年设立“长江经济带生态文明建设若干战略问题研究”重大咨询项目，并下设长江经济带的生态环境空间管控与产业布局和城市群建设战略、产业绿色化发展战略、水安全保障与水生态环境修复战略、生态产品价值实现路径与对策及综合集成研究五个专项研究。其中，生态环境部环境规划院联合清华大学、清华同衡（北京清华同衡规划设计研究院有限公司）等单位共同承担专项一“长江经济带生态环境空间管控与产业布局和城市群建设战略研究”，该专项通过深入分析长江经济带生态环境现状及空间分布特征，系统评估长江经济带生态环境承载能力，强化“三线一单”硬约束，实施控制单元精细化管理，严守生态保护红线，提出长江经济带生态环境空间分区与管控措施，探索资源环境承载力和空间管控约束下的产业布局与城市群建设战略，对于坚决遏制沿河环湖各类无序开发活动，切实保护和改善长江生态环境，全面实施长江经济带发展战略和加快推进生态文明建设具有重要的意义。

二、研究目标与内容

（一）研究目标

全面掌握长江经济带经济社会发展与生态环境现状及空间分布特征，系统评估长江经济带生态环境承载能力、污染物排放强度与环境风险水平；给出生态环境空间分区方案，针对不同分区提出生态环境空间管控策略；在此基础上，提出长江经济带城市群建设以及产业布局优化的战略建议，为推进长江经济带生态文明建设提供决策参考。

（二）研究内容

1）生态环境承载力评估与生态环境空间管控研究。全面分析长江经济带经济社会发展与生态环境现状，评估分析长江经济带污染源排放强度及空间分布特征；构建长江经济带生态环境承载力评估指标体系及评估方法，科学评估其土地资源、水资源、水环境、大气环境、生态系统等各要素及综合的生态环境承载能力，并进行超载类型划分；结合空间分析相关技术给出长江经济带生态环境承载状况的空间分布特征；进行生态环境空间分区划定研究，针对不同分区提出差异化的生态环境管控要求。

2）基于生态环境承载力的城市群布局研究。重点针对长江三角洲城市群、长江中游城市群、成渝城市群、黔中城市群和滇中区域性城市群五大城市群，进行城市群现状布局与生态环境空间管控分区的协调性分析，基于生态环境承载力及生态环境空间管控要求，从城市群功能定位、城镇建设、资源能源保障、生态安全格局、生态环境治理等方面提出与之相适应的长江经济带城市群优化布局战略建议。

3）基于生态环境承载力的产业布局研究。系统分析长江经济带产业布局现状特征、行业污染物排放特征等，结合上述专题中生态环境承载能力评估结果及生态环境空间分区管控要求，识别当前长江经济带化工、能源、建材等产业布局存在的主要问题、发展趋势等。在此基础上，基于生态环境承载能力及生态环境空间管控要求，结合长江经济带相关发展规划，从产业结构、空间布局、发展规模、发展速度等方面提出长江经济带产业布局的对策建议。

三、研究技术路线

首先，通过现场调研、专家咨询、数据分析等，分析长江经济带经济社会发展、自然资源、空间地理特征、污染排放空间集聚特征及产业结构与布局、城市群建设等现状；其次，以国家发布的相关技术指南等为依据，结合长江经济带地域特征，从水资源、大气环境、水环境和生态等基础要素出发，构建长江经济带生态环境承载力评价指标体系与评价方法，进行单要素评价及综合评价，并运用生态环境空间划分体系对长江经济带生态环境空间类型进行划分，对不同区域提出差异化的生态环境管控策略；最后，通过长江经济带城市群建设、产业发展趋势与生态环境承载力评价结果的耦合分析，识别其空间布局、承载力与生态环境问题，提出长江经济带城市群建设以及产业布局优化的战略建议（图 1-1）。

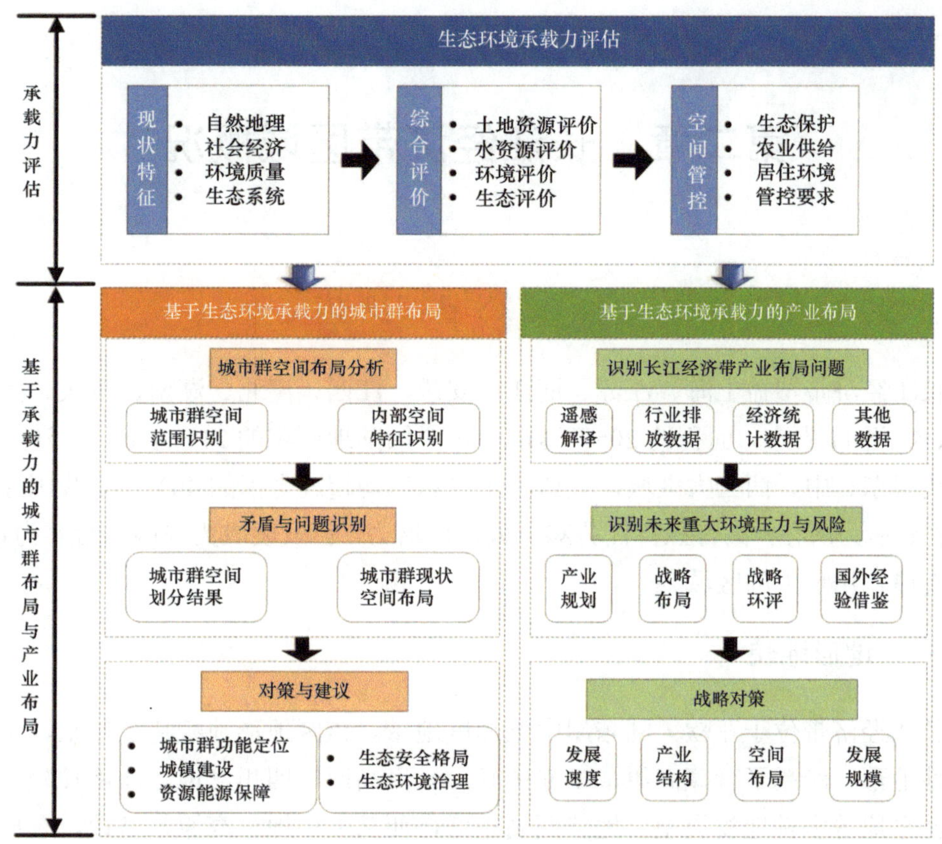

图 1-1 项目研究技术路线图

第二章　长江经济带区域概况

一、自然地理现状

长江经济带覆盖上海、江苏、浙江、安徽、江西、湖北、湖南、重庆、四川、云南、贵州 11 省市，面积约 205 万 km^2，占全国陆地面积的 21%左右。长江经济带横跨我国东、中、西三大区域，人口和生产总值均超过全国的 40%，是我国经济重心所在、活力所在，具有独特优势和巨大发展潜力，已发展成为我国综合实力最强、战略支撑作用最大的区域之一。

（一）地形地貌

长江经济带位于亚欧大陆东岸中低纬度地带。该区地形地貌特征复杂，呈多级阶梯性地形，跨越了青藏高原、横断山脉、云贵高原、四川盆地、江南丘陵、长江中下游平原等多种地貌类型。地势西高东低，西部多山地、高原、盆地，东部多丘陵和平原。

从空间分布来看，长江经济带大致以十堰—邵阳一线为界，西部主要为山地地貌，东部主要为平原台地地貌。西部大致以广元—丽江一线为界，以西主要为极高山—高山地貌，以东主要为中山地貌。东部地区大致以邵阳—南京一线为界，以南以低山地貌为主，以北以平原为主要地貌。在大地构造上，长江经济带主体部分为北、北东方向分布的稳定地块——扬子陆块，在其四周为一系列活动性强的造山系围限，西缘为羌塘—三江造山系，北缘为华北陆块（南缘）、秦岭—祁连山—昆仑山造山系（东段），南缘为江绍—萍乡—郴州对接带和华夏造山系。各陆块和造山系沉积环境、岩浆作用、变质作用和构造作用均不相同。

（二）气候特征

长江经济带大部分属亚热带季风气候，夏季高温多雨，冬季温和少雨；西部云贵部分地区属高山、高原气候，气温要低于同纬度地区，气候垂直变化显著；东北部部分地区属温带季风气候，夏季高温多雨，冬季寒冷干燥。年平均气温 2.0～

24.8℃，川西高山、高原区年均气温最低为–17.0～5.3℃。长江流域虽然雨、旱季节明显，但因河渠纵横，蒸发水源充足，年平均相对湿度较大。夏季普遍高温，加速光化学反应，对城区复合型污染的形成带来影响。该区植被覆盖条件相对我国西北部地区好，大风和沙尘暴天气相对较少，大粒径颗粒物浓度超标较少。

（三）河流水系

区域水系以长江及其支流、湖泊为主。鄱阳湖、洞庭湖、太湖、巢湖等都属于该地区。长江多年平均水资源总量约 9 958 亿 m^3，约占全国水资源总量的 35%。每年长江供水量超过 2 000 亿 m^3，保障了沿江 4 亿人生活和生产用水需求，还通过“南水北调”惠泽华北、苏北、山东半岛等广大地区。扬州江都水利枢纽和丹江口水库分别是“南水北调”东线一期、中线一期工程取水源头区，规划多年平均调水量分别为 89 亿 m^3、95 亿 m^3。2018 年，长江经济带水资源总量约为 12 130.1 亿 m^3，占全国的 44.17%；人均水资源量约 2 026.0m^3，高于全国 1 971.8m^3 的平均水平（表 2-1）。

表 2-1　2018 年长江经济带水资源及人均水资源现状

地区	水资源总量/亿 m^3	地表水与地下水/亿 m^3			人均水资源量/（m^3/人）
		地表水资源量	地下水资源量	地表水与地下水资源重复量	
上海	38.7	32.0	9.6	2.9	159.9
江苏	378.4	274.9	119.7	16.2	470.6
浙江	866.2	848.3	213.9	196.0	1 520.4
安徽	835.8	766.7	203.7	134.6	1 328.9
江西	1 149.1	1 129.9	298.5	279.3	2 479.2
湖北	857.0	825.9	257.7	226.6	1 450.2
湖南	1 342.9	1 336.5	333.5	327.1	1 952.0
重庆	524.2	524.2	104.0	104.0	1 697.2
四川	2 952.6	2 951.5	635.1	534.0	3 548.2
贵州	2 206.5	2 206.5	772.8	772.8	4 582.3
云南	978.7	978.7	252.7	252.7	2 726.2
长江经济带合计	12 130.1	11 875.1	3 201.2	2 846.2	2 026.0

（四）自然资源

长江经济带整个区域山水林田湖浑然一体，是我国重要的生态宝库。该区生态系统类型多样，川西河谷森林生态系统、南方亚热带常绿阔叶林森林生态系统、长江中下游湿地生态系统等是具有全球重大意义的生物多样性优先保护区域。长江流域森林覆盖率达 41.3%，河湖、水库、湿地面积约占全国的 20%，物种资源丰富，珍稀濒危植物物种数占全国总数的 39.7%，淡水鱼类物种数占全国总数的 33%，不仅有中华鲟、江豚、扬子鳄和大熊猫、金丝猴等珍稀动物，还有银杉、水杉、珙桐等珍稀植物，是我国珍稀濒危野生动植物集中分布区域。

二、经济社会发展

（一）经济发展

“十三五”以来，长江经济带经济总量持续增长（图 2-1），2018 年年末 11 省市共实现地区生产总值约 40.30 万亿元，较 2015 年增幅达 32.0%，占全国的 44.0%。其中，第一产业增加值完成 2.78 万亿元，较 2017 年增加 3.35%；第二产业增加值完成 16.64 万亿元，较 2017 年增长 6.12%；第三产业增加值完成 20.86 万亿元，较 2017 年增长 11.43%。2018 年，人均 GDP 为 67 307 元，较 2017 年增长 7.95%。

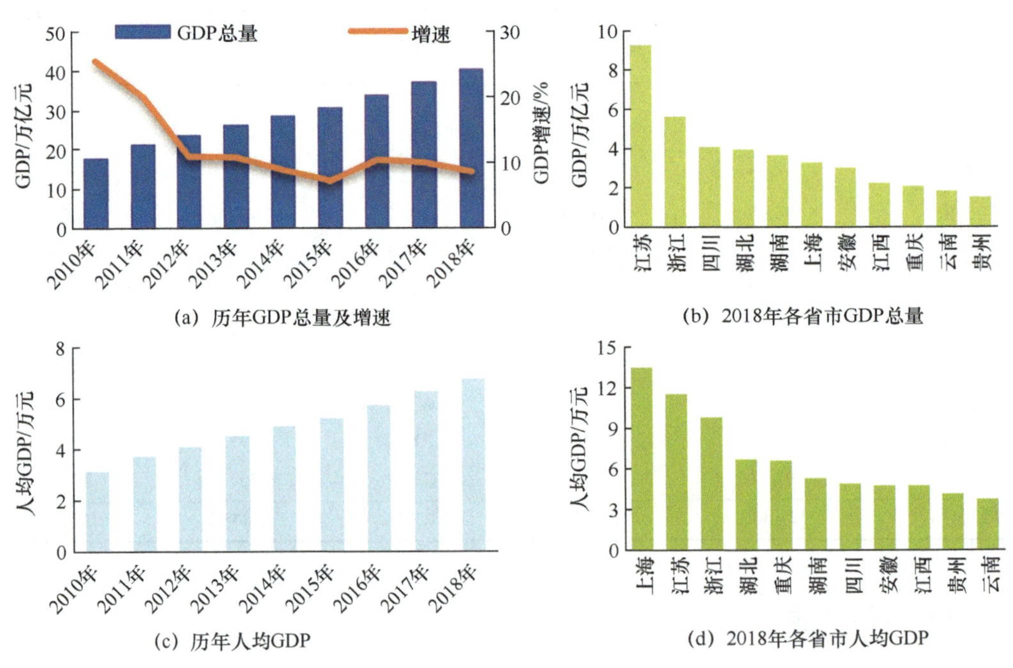

图 2-1 长江经济带经济发展现状及变化趋势

长江经济带是我国钢铁、汽车、电子、石化等现代工业聚集地。大农业的基础地位也居全国首位，沿江9省市的粮、棉、油产量占全国40%以上。良好的经济发展基础与优越的开放条件，使金融、信息、电商、物流、创意、设计、文化、旅游等现代服务业的发展规模与水平也在全国占优势地位。从各省市情况来看，省（市）际发展差距悬殊，长三角地区在长江经济带的龙头地位十分突出，2省1市面积和人口分别占长江经济带11省市的10.27%和27.07%，创造了45.36%的地区生产总值，上海、江苏、浙江三地的人均GDP超过或接近10万元，按照世界银行划分标准，已经步入中高等收入地区水平，而云南、贵州、江西、安徽及四川等地的人均GDP仅为3.70万～4.87万元，不足长三角地区的一半。

（二）人口发展

2018年，长江经济带总人口约为59 873万人，集中了1/3的特大城市群（长三角城市群），3/8的大城市群和区域性城市群（江淮城市群、长江中游城市群、成渝城市群），是我国“两横三纵”城镇化战略格局的重要支撑。2018年长江经济带常住人口城镇化率为59.46%，较2015年增长了4.00%，基本持平于全国59.58%的平均水平；长江经济带各省市城镇化率见图2-2。长江经济带的农村人口占全国农村人口的43.03%，城镇化水平仍有待提高。从各省市的城镇化进程来看，长江经济带各省市的城镇化水平整体呈东高西低的梯度分布。上海市的城镇化率接近90%，比世界主要发达国家的平均水平还要高，江苏、浙江和重庆的城镇化也处在较高的水平，并与其发达的经济程度相匹配。处于中部地区的江西、安徽、湖北和湖南四省城镇

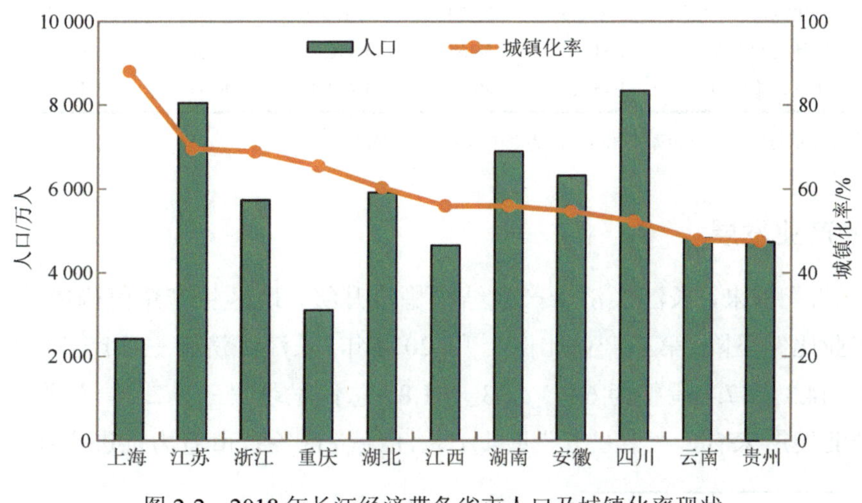

图2-2 2018年长江经济带各省市人口及城镇化率现状

化率为 50%～60%。然而，城镇化水平最低的贵州、云南两省，其城镇化率仅在 46%左右，远低于全国平均水平，城镇发展比较落后。

（三）土地利用

土地作为重要的自然资源和基本的生态环境要素，是人类主要经济社会活动和生态环境建设的空间载体，对维持生态系统服务功能起着决定性作用。长江中游经济带是中国国土开发最重要的东西轴线。

长江经济带土地利用空间分布格局与区域地形特征相契合。土地利用结构变化区多集中在武汉和环鄱阳湖城市圈、长株潭城市群及江西省南部；西部和中部山区分别属于土地利用转型的快速区和迟缓区。2017 年，长江经济带农用地 171 646.1 千 $hm^2$①，占全国农用地的 26.62%，较 2015 年减少 293.5 千 hm^2。建设用地 15 037.6 千 hm^2，占全国建设用地的 38.00%，较 2015 年增加 391.5 千 hm^2（表 2-2）。与 2015 年相比，2017 年长江经济带土地利用结构总体保持稳定，农用地有小幅度的减少，建设用地中交通运输用地增加 7.21%，在土地利用结构中增加比例相对较高。

表 2-2　2015 年与 2017 年土地利用对比情况

土地利用类型	项目	2015 年		2017 年		变化量/千 hm^2	变化率/%
		面积/千 hm^2	占全国比例/%	面积/千 hm^2	占全国比例/%		
农用地	总面积	171 939.6	26.64	171 646.1	26.62	−293.5	−0.17
	园地	5 188.7	36.23	5 476.6	38.53	287.9	5.55
	牧草地	11 241.0	5.12	11 238.5	5.12	−2.5	−0.02
建设用地	总面积	14 646.1	37.94	15 037.6	38.00	391.5	2.68
	居民点及工矿用地	11 876.0	37.79	12 153.9	37.83	277.9	2.34
	交通运输用地	1 315.8	36.64	1 410.7	36.80	94.9	7.21
	水利设施用地	1 454.3	40.71	1 473.0	40.81	18.7	1.29

注：表中总面积与各分项总和如不相等是因为表中未列出所有分项。余同。

（四）产业发展

“十三五”以来，长江经济带产业结构稳步升级，地区生产总值构成中第一产业和第二产业比例下降，第三产业比例上升。2018 年，长江经济带三次产业结构由 2015 年的 8.3∶44.3∶47.4 调整为 6.9∶41.3∶51.8，总体呈现“三、二、一”形产业结构。从重点产业发展来看，“十三五”时期，长江经济带各省市着力推进产业转型升级，

① 千 hm^2 不是标准计量单位，但在本书中为了保持与来源资料的一致性，不做修改。1 千 hm^2=0.1 万 hm^2。

淘汰落后产能，培育新兴产业，取得积极成效。长三角地区作为中国最为活跃的经济发展地区，近年来更是加快改革粗放型的经济增长模式，第三产业发展优势显著，2018 年第三产业增加值所占比例上海为 69.9%、浙江为 54.7%、重庆为 52.3%。与 2015 年相比，2018 年长江经济带各省市的第一产业所占比例显著下降，除贵州、云南、四川第一产业所占比例仍在 10%以上外，其他省市均在 10%以下（图 2-3）。安徽、江西、湖北、湖南等中部地区仍以工业为主，产业结构亟待进一步优化。

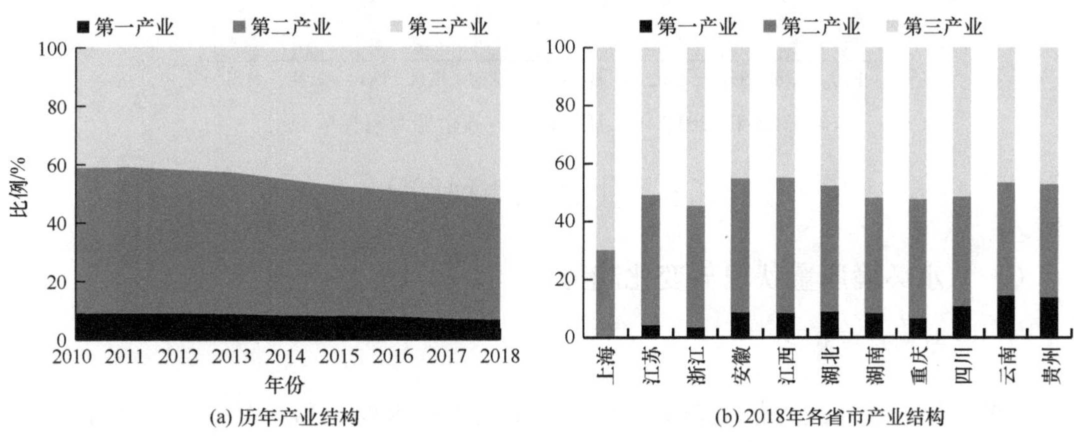

图 2-3 长江经济带产业结构状况及变化趋势

（五）能源消耗

长江经济带是以煤炭为主的能源消费区域。2017 年，能源消费总量约占全国的 37.9%，煤炭消费总量约占全国的 32.2%。其中，江苏省的能源消费总量最高，约达 3 亿 t 标煤，其次为浙江、四川、湖北、湖南，其能源消费总量为 1.5 亿～2 亿 t 标煤，其他省市的能源消费总量相对较低，均在 1.5 亿 t 标煤以下。2018 年，长江经济带电力消费量 26 342 亿 kW·h，较 2015 年增加 23.12%。江苏和浙江 2018 年用电量达 6128 亿 kW·h 和 4533 亿 kW·h，较 2015 年分别增加 24.48%和 26.63%。

从能源结构来看，近 10 年来长江经济带 11 省市的用煤比例虽然居高不下，平均水平大于 60%，但存在着缓慢下降的趋势，下降幅度为 2%～10%，说明各省市开始注重清洁能源的使用和开发，并逐步倡导绿色发展模式。从能源利用效率来看，长江经济带 11 省市能源利用效率均有所提高，但地区间整体差异较大，能源利用高效区为江苏、上海、浙江 3 省市；能源利用中效区为重庆、江西、四川、湖南、湖北、安徽 6 省市；能源利用低效区为云南、贵州两省（图 2-4）。

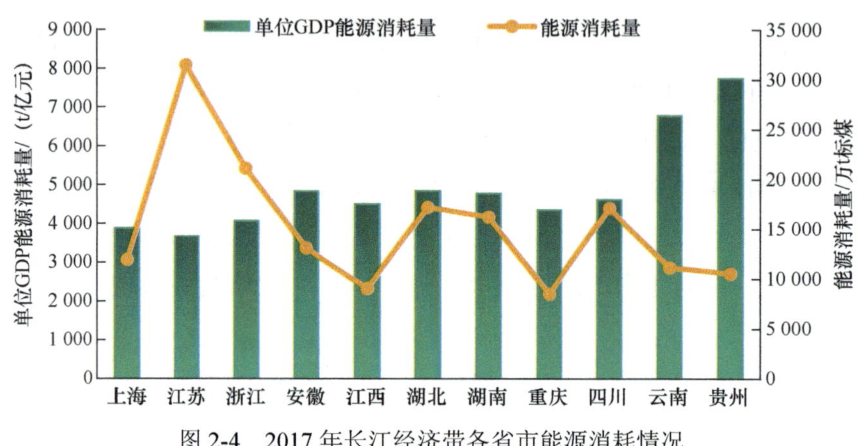

图 2-4　2017 年长江经济带各省市能源消耗情况

三、生态环境状况

（一）水环境质量状况与变化趋势

1. 地表水水质状况

2018 年，长江经济带地表水水质Ⅰ～Ⅲ类约占 80%，Ⅳ～Ⅴ类占 18%，劣Ⅴ类占 2%（图 2-5）。与 2015 年相比，Ⅰ～Ⅲ类增长 13 个百分点，Ⅳ～Ⅴ类降低 3.9 个百分点，劣Ⅴ类降低 9.1 个百分点。

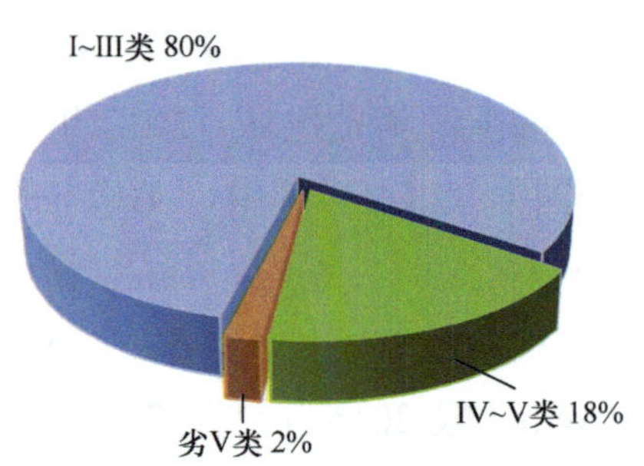

图 2-5　2018 年长江经济带地表水水质类别比例

“十三五”以来，长江经济带各省市地表水水质有明显的改善。如图 2-6 所示，与 2015 年相比，2018 年长江经济带 11 省市地表水Ⅰ～Ⅲ类水明显增加。其中，湖南、江苏的增加值达 34.3%、23%。劣Ⅴ类水明显减少，其中，上海劣Ⅴ类水减少 49.4%。

2. 主要污染物浓度有所下降

自“十一五”实施总量控制以来，国家先后将化学需氧量（COD）、氨氮（NH_3-N）

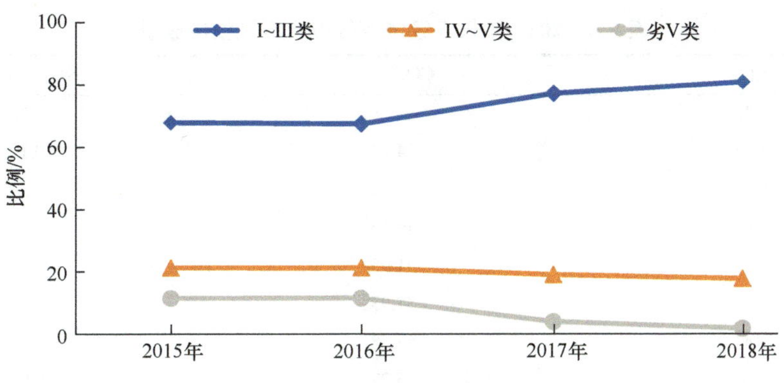

图 2-6　2015～2018 年长江经济带水质变化趋势

纳入约束性指标，以点源有机污染为主的污染趋势得到有效遏制，常规污染物浓度大幅降低。2017 年，总磷已成为长江经济带水体首要污染指标，总磷超III类的断面比例达到 18.3%，主要的一级支流中，沱江、清水江、岷江、乌江总磷平均浓度在地表水III类水质标准上下浮动，污染相对较重；长江经济带总磷污染主要受工业、城镇生活、农业等污染源影响，主要涉及四川、贵州、湖北、湖南、重庆等地区。根据全国地表水国控断面水质监测数据，2011～2017 年，化学需氧量、氨氮、总氮、总磷浓度分别下降了 45.41%、40.57%、27.75%、66.84%。

3. 污染物排放情况

长江经济带污染物排放总量大、强度高（图 2-7），每年接纳的废水量占全国的 1/3，湖南、四川、江苏、湖北 4 省污染物排放量占长江经济带总排放量的一半左右（表 2-3）。

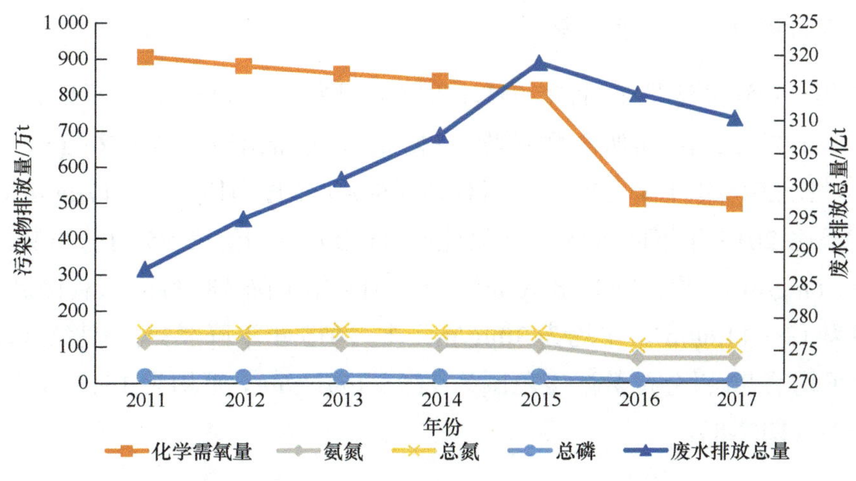

图 2-7　2011～2017 年主要污染物排放量变化趋势

表 2-3　2017 年长江经济带各市水污染物排放量

地区	COD/万 t	NH_3-N/万 t
上海	14.18	3.70
江苏	74.42	10.12
浙江	41.86	6.67
安徽	49.56	5.76
江西	51.95	5.77
湖北	51.93	7.20
湖南	57.58	8.30
重庆	25.27	3.49
四川	67.51	7.94
贵州	33.07	4.14
云南	27.25	3.41
长江经济带合计	494.58	66.50

2017 年长江经济带 11 省市废水排放总量共计 310.38 亿 t，占全国废水排放总量的 44.36%；COD 排放 494.58 万 t，占全国 COD 排放总量的 48.39%；NH_3-N 排放 66.50 万 t，占全国 NH_3-N 排放总量的 47.67%。从不同排放源来看，2017 年，农业和生活源 COD 和 NH_3-N 排放量之和分别约为其排放总量的 91.94%和 94.57%，工业源 COD 和 NH_3-N 排放量所占比例分别约为 7.47%和 4.59%，而集中式排放所占比例较低。显然，农业和生活排放源已成为长江经济带水污染排放的主要来源。

（二）大气环境质量状况与变化趋势

1. 主要污染物浓度有所下降

2018 年，长江经济带 11 省市 $PM_{2.5}$ 浓度范围为 25～48μg/m^3，平均为 38μg/m^3，比 2015 年下降 22%；可吸入颗粒物（PM_{10}）浓度范围为 46～76μg/m^3，平均为 61.7μg/m^3，比 2015 年下降 17%；二氧化硫（SO_2）浓度范围为 7～17μg/m^3，平均为 11.5μg/m^3，比 2015 年下降 40%；一氧化碳（CO）日均值第 95 百分位数浓度范围为 0.67～1.6mg/m^3，平均为 1.28mg/m^3，比 2015 年下降 18.9%；二氧化氮（NO_2）浓度范围为 18～44μg/m^3，平均为 30μg/m^3，比 2015 年下降 3.5%；臭氧（O_3）日最大 8 小时平均第 90 百分位数浓度范围为 116～177μg/m^3，平均为 151μg/m^3，比 2015 年上升 15%（图 2-8）。

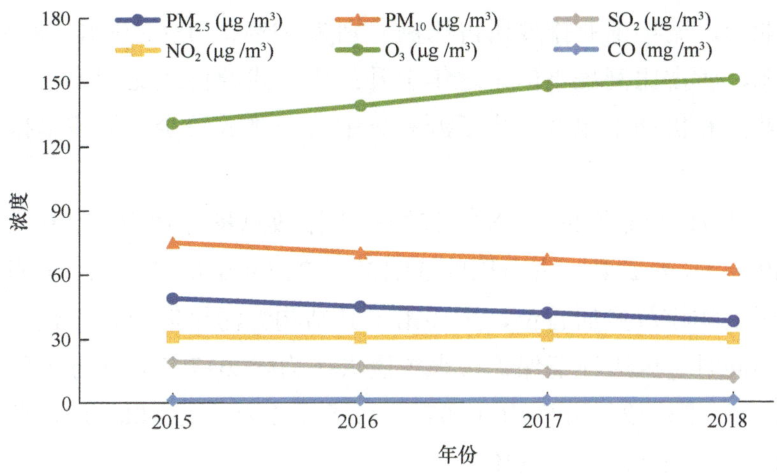

图 2-8 2015～2018 年长江经济带大气主要污染物浓度变化

2. 优良天数比例保持稳定

2018 年，长江经济带 11 省市优良天数比例范围为 68.0%～98.9%，平均为 84.6%，超标天数比例平均为 15.4%。云南、贵州、浙江 3 省优良天数比例超过 90%，江西、湖南、重庆、四川、上海 5 省市优良天数比例为 80%～90%，安徽、湖北 2 省优良天数比例为 70%～80%，江苏是优良天数比例最低的省，为 68%。2015～2018 年长江经济带优良天数比例总体保持稳定（图 2-9）。

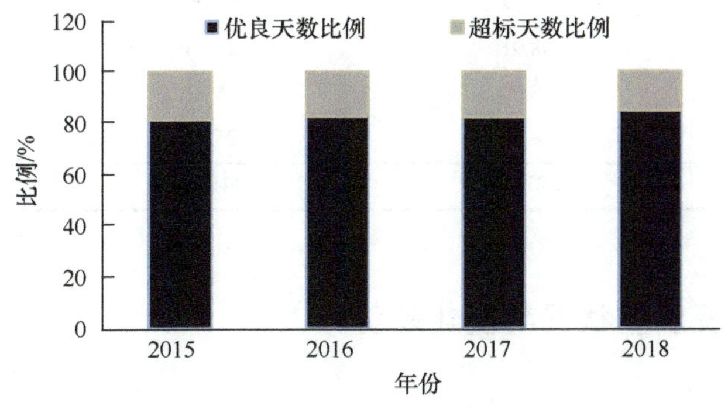

图 2-9 2015～2018 年长江经济带天气状况比例

3. 主要大气污染物排放

长江经济带是我国空气污染最重的区域之一，已全面亮起“红灯”，尤其是 $PM_{2.5}$ 污染已成为当地人民群众的“心肺之患”。从 2011～2017 年的主要污染物排放总量来看，SO_2、NO_x 排放得到一定的控制，烟粉尘排放量先降后升。SO_2 排放来源主要为工业源，五年工业排放所占比例分别为 91%、91%、90%、87%、79.59%；其次是生活源，所占比例虽小但是逐年上升；集中式源排放比例很小。NO_x 排放来源主要为工业源和机动车尾气，生活源和集中式源排放较少。烟粉尘排放来源以工业排放为主。

2017 年，长江经济带 SO_2、NO_x 和烟粉尘排放总量分别为 321.97 万 t、441.00 万 t 和 227.49 万 t（表 2-4），占全国的 34.15%、31.99%和 27.17%。分省市来看，江苏主要大气污染物排放量居首位，主要由于其结构性污染明显，重化产业结构在支撑经济发展的同时，也给环境保护带来了巨大压力。2017 年，江苏大气主要污染物 SO_2、NO_x 和烟粉尘排放量分别为 41.07 万 t、90.72 万 t、39.08 万 t，分别占长江经济带的 12.76%、21.55%和 17.18%。

表 2-4　2017 年长江经济带各省市大气污染物排放量

地区	SO_2/万 t	NO_x/万 t	烟粉尘/万 t
上海	1.85	19.39	4.70
江苏	41.07	90.72	39.08
浙江	19.05	43.20	15.34
安徽	23.54	49.00	28.08
江西	21.55	35.54	27.95
湖北	22.01	37.67	18.80
湖南	21.46	36.47	20.71
重庆	25.34	20.40	8.33
四川	38.91	45.76	22.40
贵州	68.75	35.97	19.68
云南	38.44	26.88	22.42
长江经济带合计	321.97	441.00	227.49

（三）土壤环境质量状况与变化趋势

1. 土壤质量现状

长江经济带横跨我国东、中、西三大区域，土壤资源丰富。土壤资源的特点是类型复杂、多样，绝对数量大，但人均拥有量少。2017 年，江苏和湖北土壤环境质量国控点位达标率分别为 90.2%、95.7%，湖南、贵州、云南等省份耕地总的点位超标率超过 50%。主要污染物为镉、镍、铜、砷、汞、铅、“滴滴涕”和多环芳烃。

2017 年，长江经济带平原丘陵区土壤质量总体良好，清洁土壤面积 34.84 万 km^2，约占土壤总面积的 58.51%，其中优级土壤面积 15.40 万 km^2，大面积分布于苏北、江淮、江汉平原和成都平原等地区。三级及以下土壤面积 6.94 万 km^2，呈斑块及星点状分布于赣东北、赣南，以及湖南长沙—郴州一带和贵阳、昆明等地。

2. 土壤酸碱度

2017 年，长江经济带平原丘陵区酸性土壤的面积为 33.56 万 km^2，约占土壤总面积的 56.37%，大面积分布于江西、湖南，以及浙江宁波—台州沿海和金华-衢州盆地，斑块状分布于长三角地区的长江以南、安徽江淮之间、湖北、重庆、贵州、云南和四川；碱性土壤的面积为 15.69 万 km^2，约占总面积的 26.35%，主要分布于苏北平原、环洞庭湖、成都平原以及沿长江一线，其中强碱性土壤呈稀散斑点状。江西、湖南，以及浙江宁波—台州沿海和金华-衢州盆地为红壤分布区，土壤为酸性；苏北平原、环洞庭湖、成都平原以及沿长江一线为滨海盐土、潮土分布区，土壤为碱性。

3. 耕地土壤环境质量

据初步调查，长江经济带 6.7 亿亩[①]耕地中，2.2 亿亩存在不同程度的土壤重金属污染。长江中上游地区有色金属、稀土和磷矿等矿产资源过度开发，所产生的固体废物随意堆置现象普遍，造成区域土壤污染严重。此外，长江流域江西、湖南、重庆等地为我国酸雨重灾区，酸雨造成当地土壤酸化和板结问题不断加重。长江中游地区农业投入强度大，红壤区土壤酸化严重，耕地地力低下。长江下游地区环境容量超载，历史遗留化工污染场地土壤–地下水污染严重，导致二次再开发风险高。长三角地区拥有较为发达的工业，企业排放大量含重金属的污染物，再加上化肥农药大量使用，导致局部土壤受重金属污染程度严重，为长江流域土壤重金属污染主要集中区域。长三角地区土壤受 Cd、Pb、Cr、Cu 和 Zn 污染，其中 Cd 污染最为严重，土壤受污染程度依次为：环太湖地区>浙江南部地区>沿江区域/城市直辖区>县级城镇及农村。

（四）固体废物污染状况与变化趋势

1. 固体废物产生现状

2017 年，长江经济带 11 省市的一般工业固体废物产生量为 9.35 亿 t，占全国总量的 28.3%，比 2016 年增加 2.5%；危险废物产生量为 2 234.16 万 t，占全国总量的

① 1 亩≈667m^2。下同。

32.21%，比 2016 年增加 22.7%。2017 年，江苏、安徽、江西、四川和云南 5 个省份的一般工业固体废物产生量均超过 1.2 亿 t，江苏、浙江、湖南、四川 4 个省份的危险废物产生量超过 300 万 t。

2011～2017 年，长江经济带 11 省市的一般工业固体废物产生量变化趋势如图 2-10 所示，历年来云南一般工业固体废物平均产生量最高，2011 年最高为 17 335.3 万 t，2016 年最低为 13 122 万 t；上海产生量最低，2011 年最高为 2 442.2 万 t，2017 年最少为 1 630 万 t。其中，上海、湖南、重庆和云南等省市的产生量下降趋势明显，而江苏、江西、安徽有上升趋势。

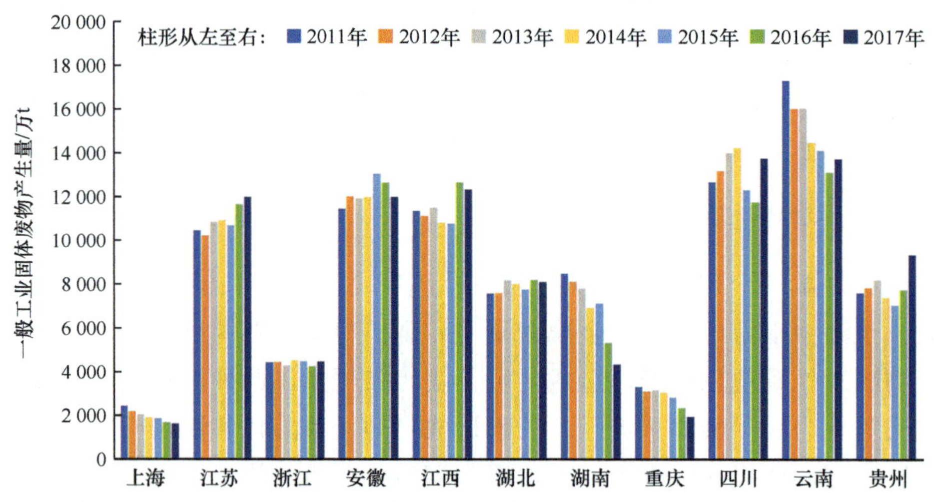

图 2-10　2011～2017 年长江经济带 11 省市一般工业固体废物产生情况

2011～2017 年，长江经济带整体危险废物产生量增长明显，11 省市的危险废物产生量变化趋势如图 2-11 所示，危险废物变化趋势与一般工业固体废物变化趋势差异明显。11 省市危险废物的产生量均在不断上升，其中浙江、安徽、江西 2017 年产生量较 2011 年分别上升 336%、426%、264%。

2. 固体废物处置利用情况

2017 年，长江经济带一般工业固体废物整体综合利用率为 62.56%，高于全国的 54.64%，但江西、四川、云南等省份的综合利用率低于全国水平，分别为 37.23%、39.74%、39.08%；长江经济带一般固体废物整体倾倒丢弃率为 0.016%，低于全国的 0.22%，江苏、重庆、云南等省市的倾倒丢弃率高于全国水平，分别为 0.024%、0.042%、0.031%。

长江经济带 2011～2017 年一般工业固体废物生产及处置利用情况见图 2-12。

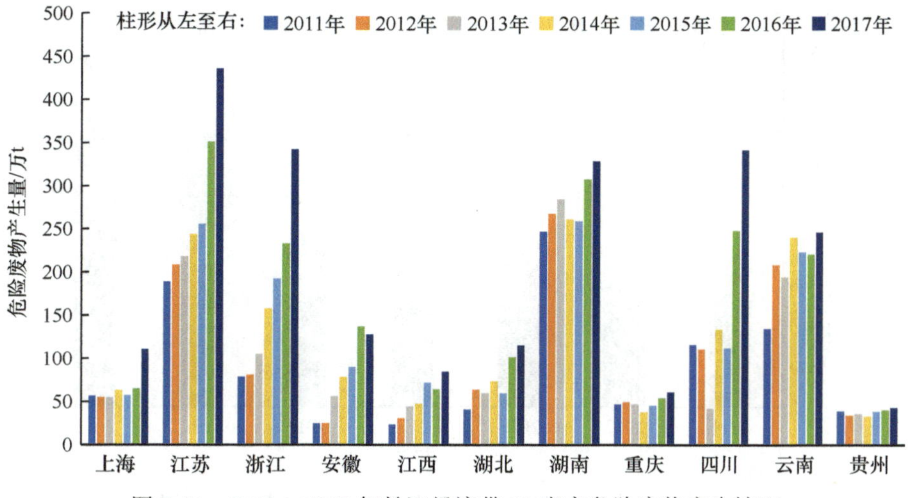

图 2-11　2011～2017 年长江经济带 11 省市危险废物产生情况

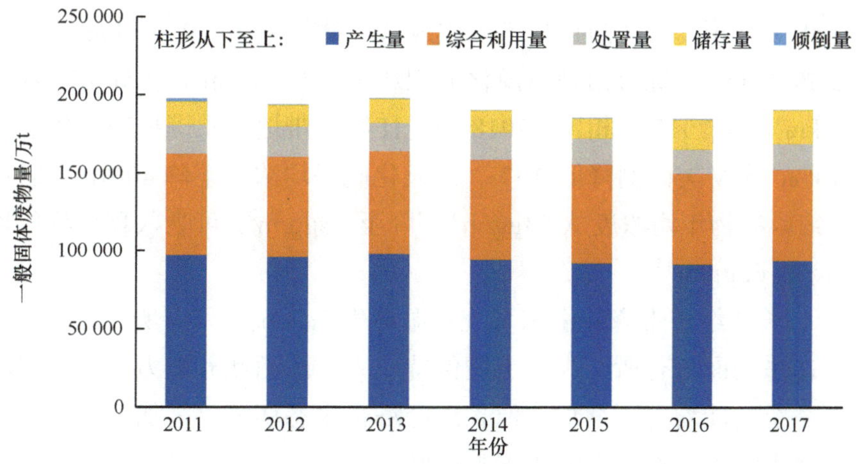

图 2-12　长江经济带 2011～2017 年一般工业固体废物生产及处置利用情况

2017 年，长江经济带危险废物整体综合利用率为 52.62%，低于全国的 58.29%，长江经济带危险废物综合利用率整体较低，11 省市中仅湖南综合利用率高于全国水平，为 93.55%；长江经济带危险废物整体储存率为 15.26%，低于全国的 34.13%，湖南、重庆等省市的储存率高于全国水平，分别为 49.14%、39.13%。

长江经济带 2011～2017 年危险废物生产及处置利用情况见图 2-13。

（五）生态环境质量状况与变化趋势

1. 生态环境质量整体改善

近年来，长江经济带生态环境质量有所改善。天然林保护工程实施以来，共营

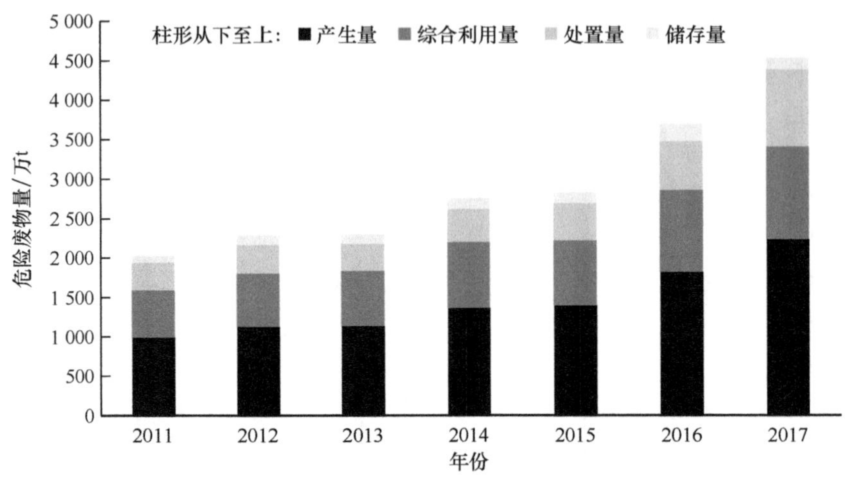

图 2-13　长江经济带 2011～2017 年危险废物生产及处置利用情况

造林 1 019.48 万 hm^2，长江防护林工程完成营造林任务 504.97 万 hm^2，完成退耕还林面积 572.79 万 hm^2，综合治理石漠化面积达 357.33 万 hm^2，累计治理水土流失面积 47.29 万 km^2。与 2015 年相比，2018 年长江经济带地表水国控断面优于Ⅲ类水质比例提高 13%，劣Ⅴ类比例降低 9.1%。二氧化硫平均浓度下降 40%，二氧化氮浓度保持稳定，细颗粒物年均浓度从 53μg/m^3 下降至 38μg/m^3，可吸入颗粒物年均浓度从 75μg/m^3 下降至 62μg/m^3。

2018 年，长江经济带森林生态系统和湿地生态系统面积有所增加，草地生态系统和农田生态系统面积有所减少。土壤保持能力、水源涵养能力、防风固沙和洪水调蓄等生态系统功能均有所增加，但长江经济带生态环境仍需加强统筹规划保护。长江中上游水土流失严重，石漠化灾害加剧。

2. 流域生态功能退化严重

长江中上游地区毁林开垦、过度放牧及矿产资源开发等不合理的生产方式导致森林和草地退化，植被覆盖度下降趋势明显，局部水源涵养和水土保持生态功能丧失，水土流失严重、石漠化侵蚀加剧，山体滑坡、山体崩塌、泥石流频发。2013 年统计结果显示，长江中上游地区水土流失面积达 40.63 万 km^2，高于我国其他各大流域。2012 年国家林业局调查结果显示，长江流域石漠化土地面积占全国石漠化总面积的 55%以上，主要集中在贵州省和云南省。

近 20 年来长江沿岸城镇面积增加了 39.03%，城镇开发建设严重挤占江河湖库生态环境空间，加之长江库群建设与工程调水导致通江湖泊数量锐减，中下游湖泊、湿地面积大量萎缩、质量下降。与中华人民共和国成立初期相比，目前长江经济带湿地面积萎缩近 1.2 万 km^2。2000～2010 年，沼泽湿地面积减少了 742.1km^2，湖泊面积减少了 220.7km^2，长江“两肾”洞庭湖和鄱阳湖湖泊面积分别比 20 世纪 50 年代减少了 39.7%和 43.6%。据统计，2003～2012 年，中华鲟、长江鲟、胭脂鱼、“四大家鱼”等鱼卵和鱼苗大幅减少，其中“四大家鱼”减少了 94%，2006 年白鱀豚被宣布功能性灭绝，2010 年江豚实测数量比 1997 年减少了 75%，处于极度濒危状况，长江珍稀物种濒临灭绝。此外，对栖息地环境要求较高的鸿雁、黑脸琵鹭、卷羽鹈鹕、小天鹅等大型珍稀鸟类种群数量也呈下降趋势。

四、环境风险分析

（一）结构性、布局性风险突出

1. 高风险行业企业数量多

长江经济带化工、医药、有色金属采选业等高环境风险行业企业众多。据统计，全国 40%的造纸、43%的合成氨、81%的磷铵、72%的印染布、40%的烧碱产能聚集在该区域。根据生态环境部开展的全国重点行业（石油加工和炼焦业、化学原料及化学制品制造业、医药制造业三大行业）企业环境风险及化学品检查结果，长江经济带 9 省 2 市仅石化、化工、医药等行业的企业就超过 12 000 家，占检查企业总数的 28%，在检查的 13 个流域中占首位。

2. 布局性环境风险突出

受生产和运输“亲水”特性的影响，长江干流和一些主要支流沿岸高风险企业聚集。目前，长江沿线共布局化工园区 62 个，正在建设或规划的化工园区有 20 多个，生产和运输的危险化学品种类多达 250 余种。沿江分布的涉危险化学品企业以江苏最多，浙江次之。涉及危险化学品码头、船舶数量多、分布广，仅重庆至安徽段危险化学品码头就接近 300 个。饮用水水源同各类危、重污染及高风险生产储存集中区交错配置，水运航道穿过饮用水水源保护区现象较多。由此导致的叠加性、累积性和潜在性的环境污染风险高。

（二）突发环境事件频发

2010～2018 年，长江经济带 9 省 2 市共发生突发环境事件 2 189 件，约占全国总数的 55.94%，其中，上海、江苏、浙江 3 省市的突发环境事件数量占整个长江经济带总数的 65%以上，云南、江西、贵州、湖南、安徽突发环境事件较少，占长江经济带总数的 14%，具体见图 2-14。2018 年，浙江、湖北、湖南、重庆、四川等地区是长江经济带环境突发事件的高频区。

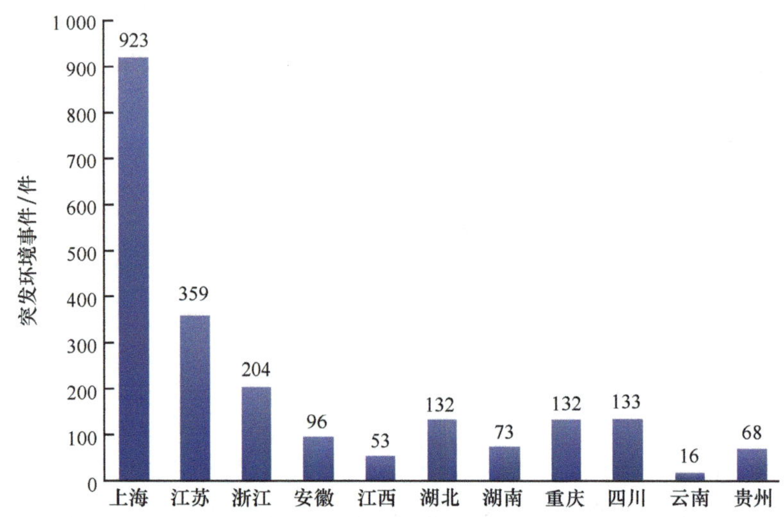

图 2-14　2010～2018 年长江经济带各省市突发环境事件数量及分布

（三）次生事件防控压力大

2010～2018 年数据获取不全，此次分析采用 2006～2015 年的数据。根据 2006～2015 年环境保护部调度处理的事件统计，长江经济带由生产安全、企业排污、交通事故、自然灾害导致的突发环境事件分别占全国相应原因突发环境事件的 44%、59%、47%、55%，各种原因的事件所占比例都处于较高水平。生产安全和交通运输事故是突发环境事件的主要诱因，生产安全原因引起的事件占 40%，其次是交通事故原因，占 22%。企业排污、自然灾害及其他原因分别占 16%、8%和 15%，另外，危险废物非法转移和倾倒也是长江经济带突发环境事件诱因之一（图 2-15）。

长江经济带高污染和高风险企业数量多、分布密集，企业存在的工艺设备老化、环境风险防控主体责任落实不到位、环境风险意识淡薄等问题，导致生产安全事故、企业违法排污事件频发。水路运输、陆路运输数量大、频次高，交通事故诱发的突发环境事件较多。在四川、云南、贵州等省份，自然灾害发生频次高，这些地区高风险企业数量多、涉及危险物质生产加工的活动频繁，一旦发生地震、洪水等自然灾害，将诱发突发环境事件。因此，未来一段时期，生产安全、交通运输事故和自然灾害诱发的次生突发环境事件仍将保持高位。

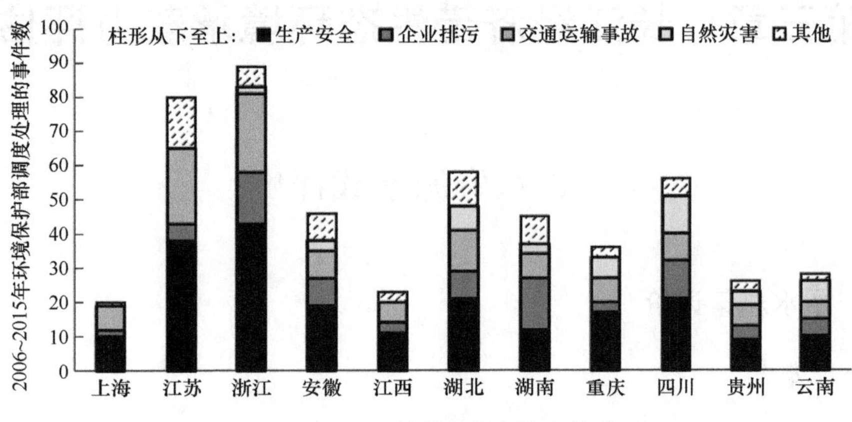

图 2-15　长江经济带突发环境事件诱因

第三章　长江经济带生态环境承载力评估

一、水资源承载评价

（一）用水总量评价

1. 评价方法

通过用水总量控制指标与现状用水负荷的对比进行用水总量评价，即当 $W \geqslant 1.2 \times W_0$ 时，为严重超载；当 $W_0 \leqslant W < 1.2 \times W_0$ 时，为超载；$0.95 \times W_0 \leqslant W < W_0$ 为临界状态；$W < 0.95 \times W_0$ 为不超载。其中：W 为现状用水总量，W_0 为用水总量控制指标。

然后结合长江经济带实际情况，对评价结果进行修正，主要参考因素包括：水资源开发利用率、过境水资源条件、用水总量指标均衡性及2020年用水总量指标，具体判别步骤如下。

1）水资源开发利用率分析。以长江经济带平均水资源开发利用率为评判标准，低于平均水资源开发利用率的为“不超载”，高于平均水资源开发利用率，但不高于其1.2倍的为“临界状态”，高于平均水资源开发利用率1.2倍的为“超载”。

2）过境水资源条件分析。考虑各县域单元所处地理位置，当县域单元处于大江大河沿岸，过境水量丰沛，具有较好的供水水源保障条件，则适当降级评价或评价为“不超载”。

3）用水总量指标均衡性分析。对于2015年用水总量指标严重超载、超载及部分临界状态县域单元，分析县域单元所在地级行政区用水总量指标分解的均衡性及合理性，当相应地级行政区处于“不超载”状态且有较大指标富余量，则该县域单元的不良状态应主要是由于用水总量指标分解的不均衡和不合理所致，则考虑降级评价或评价为“不超载”。

4）2020年用水总量指标分析。对于2015年用水总量指标严重超载、超载以及部分临界状态县域单元，将其2015年用水总量与2020年用水总量指标进行对比，分析其未来用水总量的富余空间，若未来仍有部分指标余量，则适当降级评价或评价为“不超载”。

5）用水总量指标评价结果的综合判定。首先，在以 2015 年用水总量控制指标为基础的评价结果基础上，考虑水资源开发利用率评价成果，两者取其优；其次，综合考虑县域单元的地理位置、过境水量是否丰沛、工程调配能力、指标分解均衡性及合理性、未来用水总量控制指标的富余量等多种因素进行综合判定，对上述评价结果进行一定的调整，最终得到各县域单元用水总量指标的水资源承载状况评价结果。

2. 评价结果

长江经济带共包括 11 个省级行政区，下含 124 个地级行政区，在考虑部分市辖区合并后，共计 910 个评价县域单元。评价结果显示，长江经济带用水总量指标承载状况评价为“临界状态”县域 51 个、“不超载”县域 859 个，分别占县域单元总数的 5.6%和 94.4%，无评价为“严重超载”和“超载”的县域。其中，处于临界超载的县域主要分布于江西、湖北、湖南、重庆、四川等地。长江经济带各省级行政区用水总量指标评价结果统计见表 3-1，评价为“临界状态”的县域单元见表 3-2。

总体来看，用水总量指标分配较为紧张，且水资源开发利用率较高的地区其临界状态区多于指标较为富余的地区。而沿江县域单元及西部人口较少的县域单元，由于水资源相对丰沛，社会经济用水负荷相对较低，多评价为不超载。

表 3-1　长江经济带分省级行政区用水总量指标评价结果统计

省级行政区	地级行政区个数	县域个数	县域评价状况个数				县域评价状况占比/%			
			严重超载	超载	临界状态	不超载	严重超载	超载	临界状态	不超载
上海市	—	10	—	—	—	10	—	—	—	100.0
江苏省	13	64	—	—	—	64	—	—	—	100.0
浙江省	11	69	—	—	—	69	—	—	—	100.0
安徽省	16	78	—	—	—	78	—	—	—	100.0
江西省	11	93	—	—	11	82	—	—	11.8	88.2
湖北省	13	84	—	—	8	76	—	—	9.5	90.5
湖南省	14	101	—	—	13	88	—	—	12.9	87.1
重庆市	—	39	—	—	4	35	—	—	10.3	89.7
四川省	21	166	—	—	15	151	—	—	9.0	91.0
云南省	16	125	—	—	—	125	—	—	—	100.0
贵州省	9	81	—	—	—	81	—	—	—	100.0
合计	124	910	—	—	51	859	—	—	5.6	94.4

表 3-2　长江经济带用水总量指标承载状况评价结果（临界状态）

省级行政区	地级行政区	县域单元	用水总量指标/万 m^3	评价口径用水量/万 m^3	水资源总量/万 m^3	水资源开发利用率/%
江西省	南昌市	进贤县	58 550	58 200	170 472	34.3
		安义县	22 466	22 300	70 703	31.8
	萍乡市	上栗县	17 569	17 500	66 505	26.4
	赣州市	章贡区	22 830	22 800	35 085	65.1
		南康区	29 630	29 600	149 252	19.9
	宜春市	高安市	56 350	56 100	226 958	24.8
		上高县	27 820	27 700	126 600	22.0
	上饶市	万年县	28 585	28 500	118 309	24.2
	吉安市	城区	31 344	30 030	110 695	28.3
	抚州市	临川区	64 712	62 300	220 000	29.4
		东乡区	29 519	28 500	135 556	21.8
湖北省	襄阳市	宜城市	32 627	31 523	59 295	55.0
		南漳县	25 296	24 458	132 270	19.1
	荆门市	沙洋县	54 735	67 771	68 744	79.6
	孝感市	孝南区	32 019	32 140	43 874	73.0
		应城市	35 486	36 797	46 243	76.7
	黄冈市	黄梅县	38 660	46 538	124 442	31.1
	咸宁市	赤壁市	33 304	34 552	130 128	25.6
		嘉鱼县	27 373	28 591	61 819	44.3
湖南省	衡阳市	衡阳县	55 000	54 229	160 000	34.4
		耒阳市	57 400	56 045	205 800	27.9
	邵阳市	城区	23 200	22 342	29 300	79.2
		邵东县	43 800	42 190	109 600	40.0
		邵阳县	37 900	36 613	130 400	29.1
		武冈市	29 500	28 120	121 000	24.4
	常德市	安乡县	39 400	38 990	48 390	81.4
		汉寿县	50 000	49 406	129 000	38.8
		澧县	45 800	45 320	114 000	40.2
		临澧县	26 900	26 144	75 020	35.9
		津市市	14 500	14 068	29 460	49.2
	娄底市	冷水江市	21 900	21 156	37 700	58.1
		双峰县	37 000	35 317	121 800	30.4
重庆市	—	綦江区	27 600	26 268	103 571	26.6
		大足区	19 500	19 217	59 230	32.9

续表

省级行政区	地级行政区	县域单元	用水总量指标/万 m^3	评价口径用水量/万 m^3	水资源总量/万 m^3	水资源开发利用率/%
重庆市	—	璧山区	12 300	12 289	42 609	28.9
		铜梁区	22 300	21 810	60 599	36.8
四川省	成都市	温江区	20 939	20 855	13 481	155.3
		双流区	31 009	29 512	40 631	76.3
		金堂县	33 003	32 930	24 860	132.8
		彭州市	47 500	45 967	154 746	30.7
		崇州市	41 900	40 100	89 007	47.1
	德阳市	中江县	38 883	38 766	44 804	86.8
		罗江县	13 013	12 882	18 728	69.5
	绵阳市	城区	41 600	39 738	26 722	155.7
		三台县	45 800	45 454	58 228	78.7
		盐亭县	15 000	14 283	46 171	32.5
		江油市	40 400	39 585	163 515	24.7
	广安市	城区	24 900	26 836	67 697	36.8
		岳池县	17 200	17 183	54 326	31.7
		武胜县	14 900	14 892	34 577	43.1
		华蓥市	7 000	6 904	23 499	29.8

（二）地下水开采量评价

1. 评价方法

研究采用以下评价方法进行地下水开采量评价。

当 $G\geqslant 1.2\times G_0$，或超采区浅层地下水超采系数≥0.3，或存在深层承压水开采，或存在山丘区地下水过度开采，为严重超载；$G_0\leqslant G<1.2\times G_0$，或超采区浅层地下水超采系数介于（0，0.3]，或存在山丘区地下水过度开采，为超载；$0.9\times G_0\leqslant G<G_0$ 为临界状态；$G<0.9\times G_0$ 为不超载。其中，G 为平原区地下水开采量，G_0 为平原区地下水开采量指标。

结合长江经济带实际情况，对地下水开采量指标的评价结果进行综合判定，主要考虑以下因素。

1）当浅层地下水超采区面积占整个评价区域面积比例很小，且浅层超采量占整个评价区域的可开采量比例也很小时，地下水开采量指标评价为不超载。

2）当县域深层承压水开采量不大，且主要用于农村居民分散式生活用水、特殊行业少量用水时，地下水开采量指标评价为不超载。

3）对于开采深层承压水或超采地下水的地区，如果已采取地下水回灌，且回灌量远大于开采量，评价为不超载。

2. 评价结果

通过先进行地下水超采量的核定，再进行地下水开采量控制指标与评价口径现状开采量的对比，综合判别长江经济带地下水承载状况。对于处于山丘区的县域单元，开采地下水相当于袭夺地表水，将直接判定为地下不超采，不再进行地下水开采量控制指标与评价口径现状开采量的对比。

从长江经济带地下水开采量指标水资源承载状况评价结果来看，长江经济带涉及 11 个省级行政区、910 个县级行政区，其中严重超载县域个数为 4 个，占总数的 0.4%。超载的县域个数为 9 个，占总数的 1.0%；无临界状态，不超载县域个数为 897 个，占总数的 98.6%。

从长江经济带省级行政区地下水开采量指标水资源承载状况评价结果来看，除安徽省存在严重超载情况外，其余各省均无严重超载、超载及临界状态。安徽省共有 78 个县域，其中严重超载县域个数为 4 个，占全省的 5.1%，超载县域个数为 9 个，占全省的 11.6%，无临界状态，不超载县域个数为 65 个，占全省的 83.3%。

长江经济带省级行政区和安徽省地下水开采量指标承载状况评价结果见表 3-3、表 3-4。

表 3-3　长江经济带省级行政区地下水开采量指标承载状况评价结果

省级行政区	地级行政区个数	县域个数	县域评价状况个数				县域评价状况占比			
			严重超载	超载	临界状态	不超载	严重超载/%	超载/%	临界状态	不超载/%
上海市	—	10	—	—	—	10	—	—	—	100.0
江苏省	13	64	—	—	—	64	—	—	—	100.0
浙江省	11	69	—	—	—	69	—	—	—	100.0
安徽省	16	78	4	9	—	65	5.1	11.6	—	83.3
江西省	11	93	—	—	—	93	—	—	—	100.0
湖北省	13	84	—	—	—	84	—	—	—	100.0
湖南省	14	101	—	—	—	101	—	—	—	100.0
重庆市	—	39	—	—	—	39	—	—	—	100.0
四川省	21	166	—	—	—	166	—	—	—	100.0
云南省	16	125	—	—	—	125	—	—	—	100.0
贵州省	9	81	—	—	—	81	—	—	—	100.0
合计	124	910	4	9	—	897	0.4	1.0	—	98.6

表 3-4　安徽省地下水开采量指标承载状况评价结果（严重超载、超载）

地级行政区	县域单元	地下水开采量指标评价								
		平原区地下水开采量指标/万 m³	平原区地下水开采量/万 m³	深层承压水开采量/万 m³	超采区超采量/万 m³	地下水开采量指标承载状况				
						平原区地下水开采量是否超标	超采区浅层地下水超采系数	存在深层承压水开采量	存在山丘区地下水过度开采	地下水总体评价
淮北市	城区	12 809	14 288	1 300	1 078.0	超载	超载	不超载	不超载	超载
	濉溪县	15 541	18 912	—	—	严重超载	超载	不超载	不超载	严重超载
亳州市	城区	20 346	18 536	5 050	1 994.9	临界状态	不超载	严重超载	不超载	严重超载
	涡阳县	15 897	13 633	4 795	1 900.2	不超载	不超载	超载	不超载	超载
	蒙城县	14 862	12 662	4 566	1 809.2	不超载	不超载	超载	不超载	超载
	利辛县	12 559	10 969	3 589	1 403.5	不超载	不超载	超载	不超载	超载
宿州市	埇桥区	22 816	20 265	2 800	966.4	不超载	不超载	超载	不超载	超载
	砀山县	10 111	11 454	700	690	超载	不超载	超载	不超载	超载
阜阳市	城区	18 188	11 139	7 369	5 062.1	不超载	不超载	严重超载	不超载	严重超载
	临泉县	13 067	10 984	2 947	2 022.4	不超载	不超载	严重超载	不超载	严重超载
	太和县	11 153	9 511	1 534	1 055.4	不超载	不超载	超载	不超载	超载
	颍上县	16 882	14 934	2 280	1 550.5	不超载	不超载	超载	不超载	超载
	界首市	6 229	3 399	2 770	1 880.0	不超载	不超载	超载	不超载	超载

（三）水资源承载力评价

1. 评价方法

结合用水总量指标、地下水开采量指标评价结果，采用“短板效应”进行水资源承载力综合评价。两项指标中任意 1 个严重超载，确定为严重超载类型；任意 1 个超载，确定为超载类型；任意 1 个临界超载，确定为临界超载类型；其余为不超载类型。

2. 评价结果

根据用水总量、地下水开采量指标的评价结果，按照本书的评价方法，对长江经济带 11 省市县域单元的水资源承载状况进行评价。根据评价结果，长江经济带涉及 11 个省级行政区、124 个地级行政区，910 个县域单元，严重超载的县域单元个数为 4 个，超载的县域单元个数为 9 个，临界状态区 51 个，不超载区 846 个。长江经济带各省级行政区评价结果见表 3-5，各省级行政区评价结果所占比例见图 3-1。

表 3-5 长江经济带水资源承载状况评价结果

省级行政区	地级行政区个数	县级行政区个数	县域评价状况个数			
			严重超载	超载	临界状态	不超载
上海市	—	10	—	—	—	10
江苏省	13	64	—	—	—	64
浙江省	11	69	—	—	—	69
安徽省	16	78	4	9	—	65
江西省	11	93	—	—	11	82
湖北省	13	84	—	—	8	76
湖南省	14	101	—	—	13	88
重庆市	—	39	—	—	4	35
四川省	21	166	—	—	15	151
云南省	16	125	—	—	—	125
贵州省	9	81	—	—	—	81
合计	124	910	4	9	51	846

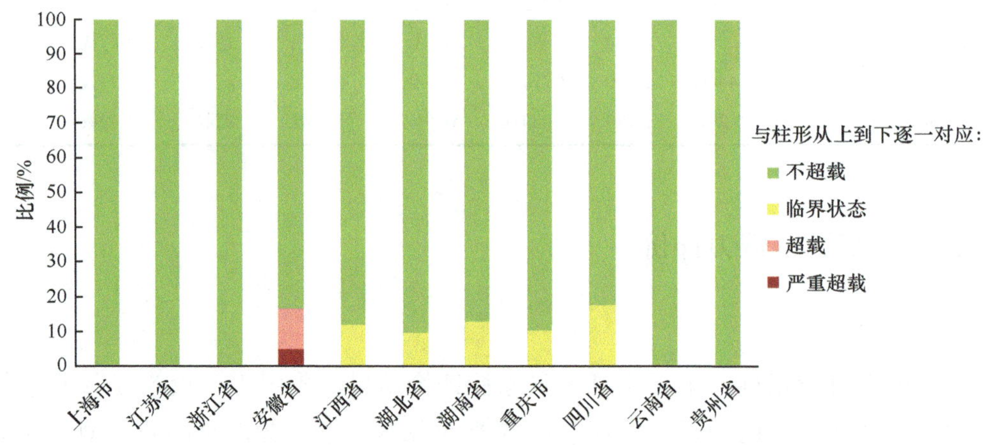

图 3-1 长江经济带水资源承载状况评价结果所占比例示意图

长江经济带 11 省市中，除安徽省水资源承载状况存在严重超载和超载状况，其余各省市均不存在严重超载和超载状况。从评价指标来看，安徽省的地下水开采量指标存在超载和严重超载，其县域用水总量指标均不超载，由此说明：安徽省在严格控制用水总量，各县域用水均控制在红线以内，同时用水水平和用水效率也相对较高，其中农业灌溉亩均用水量、万元工业增加值用水量、城镇人均综合用水量等指标均优于长江经济带的平均水平。然而，安徽省北部的部分县域单元地下水开采量超载严重，应逐步加强地下水的压采工作，确保各县域单元均不超载。

二、环境承载评价

（一）大气环境承载力评价

1. 评价方法

（1）单项大气污染物浓度超标指数

以各项污染物的标准限值表征环境系统所能承受人类各种社会经济活动的阈值[限值采用《环境空气质量标准》（GB 3095—2012）中规定的各类大气污染物浓度限值二级标准]，不同区域各项污染指标的超标指数计算公式如下：

$$R_{气ij} = C_{ij}/S_i - 1$$

式中，$R_{气ij}$ 为区域 j 内第 i 项大气污染物浓度超标指数；C_{ij} 为该污染物的年均浓度监测值；S_i 为该污染物浓度的二级标准限值。i=1, 2, ···, 6，分别对应 SO_2、NO_2、PM_{10}、CO、O_3、$PM_{2.5}$。

（2）区域大气污染物浓度超标指数

计算公式如下：

$$R_{气j} = \max_i \left(R_{气ij}\right)$$

式中，$R_{气j}$ 为区域 j 的大气污染物浓度超标指数，其值为各类大气污染物浓度超标指数的最大值。

（3）阈值与重要参数

当 $R_{气j} > 0$ 时，大气环境处于超载状态；当 $-0.2 < R_{气j} \leqslant 0$ 时，大气环境处于临界超载状态；当 $R_{气j} \leqslant -0.2$ 时，大气环境处于不超载状态。

2. 大气环境承载力综合评价

根据大气环境承载力评价方法，对 2015 年长江经济带 11 省市的 126 个地市或地州的 1 069 个区县或省直辖县的 6 种大气污染物浓度超标指数进行计算，并以此表征大气环境承载力。长江经济带大气承载形势整体较为严峻，东部地区超载较为严重，四川西部、云南、贵州等山地大气环境承载形势相对较好。上海、江苏、安徽、江西、湖北、湖南东部、四川东部、重庆等的大部分区县超载。除昆明外，其他的直辖市/省会城市都超载。

评价结果表明，长江经济带1 069个区县中有761个区县大气环境都为超载状态，有136个区县临界超载，172个区县不超载，所占比例分别为71.2%、12.7%、16.1%。大气环境综合超载最严重的几个区县是江苏省徐州市的新沂市，四川省自贡市的自流井区、贡井区、大安区、沿滩区、荣县、富顺县，湖北省潜江市、天门市，超标指数大于1；其余综合超载较为严重的区县也多分布在江苏省、四川省东部、湖北省等地。云南省迪庆藏族自治州的香格里拉市、德钦县、维西傈僳族自治县的大气环境综合承载形势较好，超标指数在-50%左右。其余不超载的区县大部分位于云南省、四川省、贵州省山区，安徽省黄山市大部分区县不超载。

3. 单指标大气环境承载力评价

对于长江经济带，导致其大部分城市大气环境超载的单指标为颗粒物，其中$PM_{2.5}$为首要影响因素。

1 069个区县中，$PM_{2.5}$超载的区县有760个，102个临界超载，207个不超载，所占比例分别为71.1%、9.5%、19.4%。不超载和临界超载的部分区县位于云南、贵州、四川西部等地区；浙江、江苏、湖北、安徽等省的区县大多超载。$PM_{2.5}$承载规律与综合评价结果接近。

超载区县较多的另一个污染物为PM_{10}，513个区县超载，259个临界超载，297个不超载，所占比例分别为48.0%、24.2%、27.8%。与$PM_{2.5}$类似，不超载的区县大多位于云南、贵州、四川等地区；临界超载的区县大多位于上海、浙江、江西、湖南等地区；江苏、湖北、安徽、重庆等省市大多数区县超载。

SO_2承载形势较好，1 064个区县不超载，4个临界超载，1个区县超载，所占比例分别为99.5%、0.4%、0.1%。超载的地区为湖南省邵阳市的武冈市，超标指数为5%，稍有超载。湖北省荆州市的监利县、邵阳市的邵阳县、新邵县，江苏省徐州市的丰县临界超载。其余区县都不超载。

NO_2不超载的区县有730个，临界超载184个，超载155个，所占比例分别为68.3%、17.2%、14.5%。超载区县大多位于重庆市、成都市、上海市、苏州市、武汉市、杭州市、南京市等人口较为密集、机动车保有量较高的大城市；临界超载区县大多在宁波市、宿州市、安庆市、宣城市、蚌埠市、淮南市、六安市、广元市、绵阳市、乐山市等中等城市。不超载区县大多位于上饶市、九江市、眉山市、宜宾市、泸州市等旅游城市和四川西部、云南、贵州等地。

CO 承载形势与 SO_2 相似，相对较好，1 062 个区县不超载，6 个临界超载，1 个区县超载，所占比例分别为 99.3%、0.6%、0.1%。超载区县为江苏省徐州市的睢宁县；临界超载区县为徐州市的沛县、丰县，十堰市的郧西县，宜昌市的远安县、枝江市。其余区县都不超载。

O_3 超载区县数稍多，有 125 个，临界超载区县 541 个，不超载区县 403 个，所占比例分别为 11.7%、50.6%、37.7%。不超载区县大多位于西部山区，临界超载的区县大多位于中部中等城市，超载的区县位于东部大城市及成都等机动车较多的大城市。

统计情况一览表见表 3-6。

表 3-6 长江经济带各污染物超载情况统计

污染物	区县个数			城市（地区）个数			城市（地区）前十（由好到差）	城市（地区）后十（由差到好）
	不超载	临界	超载	不超载	临界	超载		
SO_2	1 064	4	1	126	0	0	四川省巴中市，云南省景洪市，湖南省张家界市，云南省普洱市，江西省景德镇市，湖北省咸宁市，云南省大理市，浙江省舟山市、台州市、丽水市	安徽省铜陵市，四川省攀枝花市，江苏省徐州市，江西省上饶市、鹰潭市，湖南省邵阳市，四川省西昌市，江西省新余市、萍乡市、宜春市
NO_2	730	184	155	78	32	16	云南省丽江市、泸水市、蒙自市，四川省马尔康市，云南省临沧市、保山市、大理市，贵州省安顺市，云南省普洱市，江西省景德镇市	四川省成都市，江苏省苏州市、无锡市，安徽省合肥市，重庆市，湖北省武汉市，安徽省芜湖市，浙江省杭州市，江苏省南京市，安徽省铜陵市
PM_{10}	297	259	513	26	30	70	云南省丽江市、大理市、香格里拉市，四川省马尔康市，云南省楚雄市、泸水市，贵州省安顺市，四川省康定市，云南省保山市、普洱市	江苏省徐州市，四川省成都市，湖北省荆州市、荆门市，四川省自贡市，湖北省宜昌市，江苏省泰州市，四川省资阳市，湖北省襄阳市，四川省眉山市
CO	1062	6	1	126	0	0	云南省大理市、普洱市、文山市，四川省泸州市，云南省丽江市，浙江省舟山市，安徽省黄山市，浙江省丽水市，湖南省湘西州，贵州省安顺市	湖北省孝感市、黄石市，湖南省娄底市，云南省玉溪市，江苏省宿迁市、徐州市，江西省萍乡市、湖南省张家界市，四川省攀枝花市，安徽省铜陵市
O_3	403	541	125	43	67	16	云南省香格里拉市，四川省康定市、巴中市，贵州省六盘水市，云南省大理市、泸水市，湖北省恩施市，安徽省宣城市、黄山市，云南省丽江市	浙江省湖州市，江苏省无锡市、南京市，湖北省黄冈市，浙江省嘉兴市，湖北省鄂州市，江苏省常州市、南通市，浙江省杭州市，四川省成都市
$PM_{2.5}$	207	102	760	20	9	97	云南省香格里拉市、丽江市，四川省马尔康市，云南省泸水市，四川省康定市，云南省大理市，贵州省黔西南州，云南省楚雄市、保山市、普洱市	四川省自贡市、安徽省宿州市、四川省泸州市、湖北省襄阳市、四川省成都市、安徽省阜阳市、湖北省宜昌市、安徽省蚌埠市、四川省眉山市、湖北省荆州市

（二）水环境承载力评价

1. 评价方法

（1）单项水污染物浓度超标指数

以各控制断面 COD_{Mn}、BOD_5、COD_{Cr}、NH_3-N、TN、TP 等主要污染物年均浓度与该项污染物 2020 年水质目标限值（或水功能区目标值）的差值作为水污染物超标量。不同区域各项污染指标的超标指数计算公式如下：

$$R_{水ijk} = C_{ijk} / S_{ik} - 1$$

$$R_{水ij} = \sum_{k=1}^{N_j} R_{水ijk} \Big/ N_j, i = 1, 2, \cdots, 6$$

式中，$R_{水ijk}$ 为区域 j 第 k 个断面第 i 项水污染物浓度超标指数；$R_{水ij}$ 为区域 j 第 i 项水污染物浓度超标指数；C_{ijk} 为区域 j 第 k 个断面第 i 项水污染物的年均浓度监测值；S_{ik} 为第 k 个断面第 i 项水污染物的 2020 年水质目标限值（或水功能区目标值）；i=1, 2, …, 6，分别对应 COD_{Mn}、BOD_5、COD_{Cr}、NH_3-N、TN、TP；k 为某一控制断面，k=1, 2, …, N_j，N_j 表示区域 j 内控制断面个数。这里，当 k 为河流控制断面时，计算 $R_{水ijk}$，k=1, 2, 3, 4, 6；当 k 为湖库控制断面时，计算 $R_{水ijk}$，k=1, 2, …, 6。

（2）区域水污染物浓度超标指数

计算公式如下：

$$R_{水jk} = \max_{i} \left(R_{水ijk} \right)$$

$$R_{水j} = \sum_{k=1}^{N_j} R_{水jk} \Big/ N_j$$

式中，$R_{水jk}$ 为区域 j 第 k 个断面的水污染物浓度超标指数；$R_{水j}$ 为区域 j 的水污染物浓度超标指数。

（3）阈值与相关参数

当污染物浓度超标指数 $R_{水j} \leq -0.3$ 时，说明水环境处于不超载状态；当 $-0.3 < R_{水j} \leq 0$ 时，说明水环境达到最大承载能力，为临界超载；当 $R_{水j} > 0$ 时，说明水环境处于超载状态。

2. 各省市水污染物浓度综合超标指数

利用水环境承载力评价方法，对长江经济带 11 省市、126 个地州、1 069 个区县的 6 个水污染物浓度超标指数进行计算（177 个区县没有水质监测数据，未参与评价），并对相应承载状态进行判断。评价结果表明，2016 年长江经济带水环境形势整体上相对较好，处于临界超载状态。其中江苏省的超载程度最为严重，其超标指数达到 0.23，上海市和浙江省的超标指数分别为 0.10 和 0.06，其超载程度也较高，其他省市水环境均处于临界超载或不超载状态，水环境承载形势较好。

从 126 个地州情况来看，综合超标指数呈超载状态的有 44 个，占 35.0%，综合超标指数呈临界超载状态的地州 41 个，占 32.5%，综合超标指数呈不超载状态的地州 41 个，占 32.5%。

3. 各区县水污染物浓度综合超标指数

从 892 个区县来看，综合超标指数呈超载状态的区县 210 个，占 23.5%，综合超标指数呈临界超载状态的区县 273 个，占 30.6%，综合超标指数呈不超载状态的区县 409 个，占 45.9%。

（三）环境综合承载力评价

1. 评价方法

由于大气、水是不同的环境要素，不宜采用加权平均等综合方法进行综合评价，因此，本书采用极大值模型进行污染物浓度的综合超标指数计算。计算公式如下：

$$R_j = \max\left(R_{气j}, R_{水j}\right)$$

式中，R_j 为区域 j 的污染物浓度综合超标指数；$R_{气j}$ 为区域 j 的大气污染物浓度超标指数；$R_{水j}$ 为区域 j 的水污染物浓度超标指数。

当大气、水环境要素任意一项超载时，认为综合评价结果为超载；两项要素中有一项临界超载，另一项为不超载或临界超载时，认为综合评价结果为临界超载；仅当两项要素均不超载时，认为综合评价结果为不超载。

2. 评价结果

通过极值法对长江经济带各区县大气和水污染物浓度超标指数进行集成评价，得到长江经济带各区县的环境污染物浓度综合超标指数，并对环境综合承载状态进行判断。评价结果表明，2016 年长江经济带区域整体上处于超载状态，其环境综合超标指数约为 0.28。在参与评价的 1 069 个区县中，有 799 个区县环境处于超载状态，有 153 个区县临界超载，117 个区县不超载，所占比例分别约为 74.7%、

14.3%、11.0%。

环境综合超载最为严重的区县主要集中在湖北、安徽、江苏、上海及浙江等省市，主要受大气环境超载较为严重所致，其环境综合超标指数均在1以上，其中安徽省宿州市砀山县、萧县，江苏省南京市鼓楼区，湖北省黄冈市黄州区、武汉市东西湖区，以及浙江省舟山市嵊泗县、杭州市下城区等部分区县的环境综合超标指数为2～6，环境形势极其严峻。环境综合超载较为严重的区县主要分布在安徽、湖北、四川、江苏、重庆等省市，其环境综合超标指数为0.5～1。其他环境综合超载程度相对较低的区县主要分布在江西、湖南、浙江及四川的部分地市，其环境综合超标指数为0～0.5。环境处于临界超载的区县主要分布在浙江省金华市、丽水市、宁波市、衢州市、台州市、温州市、舟山市，安徽省黄山市，湖北省十堰市，湖南省常德市、郴州市、怀化市、湘西州、永州市、株洲市，四川省广元市、凉山州、攀枝花市，云南省昆明市、保山市、楚雄州、大理州、德宏州、曲靖市、文山州、西双版纳州、玉溪市、昭通市，以及贵州省下辖的所有地市，这些地区环境质量状况相对较好。环境处于不超载的区县主要分布于云贵两省的大部分地市，以及安徽省黄山市，湖南省郴州市，四川省阿坝州、甘孜州，浙江省丽水市、温州市等少部分地市，其中贵州省安顺市紫云县、黔南州惠水县、龙里县，云南省迪庆州及怒江州下辖大部分县市的环境质量状况最好，环境承载能力较强，其环境综合超载指数为-0.6～-0.4。

三、生 态 评 价

（一）生态服务功能重要性评价

本研究以《生态保护红线划定指南》中生态服务功能重要性评价方法要求为依据，对长江经济带各省市的水源涵养功能、水土保持功能、生物多样性维护功能进行评估。由于防风固沙服务功能高值区主要集中在我国北方，而长江经济带防风固沙生态服务功能整体较低，故本研究中未对防风固沙生态服务功能进行评估。

运用ArcGIS软件，通过全国生态服务功能重要性评价数据得到长江经济带水源涵养功能、水土保持功能、生物多样性维护功能数据。对以上生态服务功能数据进行叠加，并将累加得到的生态系统服务功能重要性分为4级，即一般重要、中等重要、重要和极重要。

1. 水源涵养重要性

长江经济带水源涵养功能整体较高，重要与极重要区约占总面积的 46.43%，中等重要区面积约占 11.19%，一般重要区面积约占 42.38%。长江经济带水源涵养重要性空间分布整体呈现由西向东逐渐递减的趋势，位于研究区西部的云南与四川水源涵养重要区面积最高，共计 194 149.42km^2；江西省与重庆市水源涵养极重要区面积的区域面积所占比例最高，分别占江西省与重庆市总面积的 51.29%与 44.74%；位于研究区东北部的江苏省、安徽省与上海市水源涵养功能较低，大部分区域为水源涵养一般重要区（表 3-7）。

表 3-7　长江经济带水源涵养重要性

区域 \ 分类	一般重要		中等重要		重要		极重要	
	面积/km^2	比例/%	面积/km^2	比例/%	面积/km^2	比例/%	面积/km^2	比例/%
云南	116 924.93	30.51	49 563.12	12.93	103 496.54	27.0	113 241.38	29.55
湖南	74 502.13	35.13	35 919.58	16.94	59 060.05	27.85	42 567.93	20.07
贵州	68 304.7	38.81	40 173.92	22.83	35 520.02	20.18	31 981.4	18.17
江西	48 357.85	28.95	8 880.72	5.32	24 129.24	14.44	85 674.88	51.29
江苏	87 661.67	86.86	2 184.81	2.16	3 455.44	3.42	7 624.34	7.55
上海	6 088.96	97.54	41.76	0.67	17.44	0.28	94.195	1.51
安徽	98 361.65	70.11	5 833.98	4.16	11 462.26	8.17	24 636.41	17.56
重庆	26 992.58	32.74	3 038.00	3.69	15 528.64	18.84	36 878.98	44.74
湖北	101 774.75	54.72	13 173.15	7.08	22 436.27	12.06	48 617.34	26.14
四川	191 159.48	39.51	54 545.53	11.27	90 652.88	18.74	147 476.83	30.48
浙江	44 416.73	43.57	14 836.02	14.55	18 039.62	17.7	24 653.45	24.18
总计	864 545.43	42.38	228 190.59	11.19	383 798.40	18.81	563 447.14	27.62

2. 生物多样性维护重要性

长江经济带生物多样性维护一般重要区面积最广，共计 1 203 656.69km^2，占总面积的 59.04%，重要与极重要区面积共计 656 789.72km^2，约占长江经济带总面积的 32.21%。四川省与云南省由于位于川滇森林及生物多样性生态功能区范围内，生物多样性维护极重要区面积最大，共计 259 584.77km^2（表 3-8）。长江经济带生物多样性维护重要与极重要区主要分布于西部、中部与东南部部分地区，这些地区同时也是川滇森林及生物多样性生态功能区、桂黔滇喀斯特石漠化防治生态功能区、三峡库区水土保持生态功能区与秦巴生物多样性生态功能区等国家重点生态功能区的分布区。

表 3-8 长江经济带生物多样性维护重要性

区域＼分类	一般重要		中等重要		重要		极重要	
	面积/km²	比例/%	面积/km²	比例/%	面积/km²	比例/%	面积/km²	比例/%
云南	210 572.66	55.02	54 247.85	14.17	40 001.65	10.45	77 923.63	20.36
湖南	120 682.31	56.91	27 462.88	12.95	15 618.35	7.37	48 286.16	22.77
贵州	129 331.56	73.49	6 670.41	3.79	22 386.1	12.72	17 588.24	9.99
江西	118 491.39	70.93	24 642.01	14.75	12 319.4	7.38	11 589.89	6.94
江苏	96 316.28	95.58	1 335.16	1.32	801.67	0.8	2 315.33	2.30
上海	5 841.57	94.22	316.09	5.10	—	—	41.75	0.67
安徽	108 487.74	77.33	18 482.43	13.17	9 291.14	6.62	4 032.98	2.87
重庆	43 390.44	52.63	1 781.02	2.16	13 022.76	15.8	24 243.97	29.41
湖北	128 181.08	68.91	1 595.41	0.88	10 806.45	5.81	45 418.57	24.42
四川	183 837.51	38.00	14 627.64	3.02	103 708.44	21.43	181 661.14	37.55
浙江	58 524.14	57.72	27 137.21	26.76	11 866.3	11.7	3 865.81	3.81
总计	1 203 656.69	59.04	178 298.11	8.75	239 822.26	11.76	416 967.46	20.45

3. 水土保持重要性

长江经济带水土保持功能整体较低，水土保持一般重要区面积共计 1 236 189.20km²，约占长江经济带总面积的 60.60%，其次为中等重要区，共计 275 089.54km²，约占长江经济带总面积的 13.48%。重要与极重要区面积共计 528 702.83km²，约占长江经济带总面积的 25.92%。云南省与四川省水土保持极重要区面积最大，共计 144 244.26km²，约占长江经济带总面积的 7.07%，约占研究区全部水土保持极重要区面积的 55.43%（表 3-9）。长江经济带水土保持重要性同样呈现自西向东逐渐递减的趋势，该结果主要是由于长江经济带西部与中部地区植被覆盖水平较高，土壤保持能力较强。

4. 生态服务功能重要性综合评价

通过对水源涵养功能、生物多样性维护功能与水土保持功能评价结果进行叠加分析，得到长江经济带生态服务功能重要性评价结果。长江经济带生态服务功能重要性整体较高，重要与极重要区面积共计 1 205 781.63km²，约占长江经济带总面积的 59.11%（表 3-10）。其中生物多样性维护功能重要与极重要区面积与所占比例最高，其次为水源涵养功能，水土保持功能的重要与极重要区面积与所占比例最低。所有类型的生态服务功能重要性都呈现由西部向东部递减的趋势，该结果主要是由于长江经济带西部与中部地区植被覆盖水平较高，同时是国家重点生态功能区的分布区。云南省与四川省由于有较大范围分布于国家重点生态功能区范围内，其生态服务功能重要与极重要面积远高于其他各省市，是长江经济带地区实施生态环境保护的重要区域。

表 3-9 长江经济带水土保持重要性

分类 区域	一般重要		中等重要		重要		极重要	
	面积/km²	比例/%	面积/km²	比例/%	面积/km²	比例/%	面积/km²	比例/%
云南	160 886.82	41.98	51 897.45	13.54	84 352.36	22.01	86 089.35	22.46
湖南	146 626.47	69.14	25 602.80	12.07	21 178.60	9.99	18 641.83	8.79
贵州	124 662.77	70.84	12 536.86	7.12	16 649.15	9.46	22 131.27	12.58
江西	104 583.37	62.61	25 935.87	15.53	20 047.73	12.00	16 475.72	9.86
江苏	98 669.79	97.76	1 643.33	1.63	345.28	0.34	267.87	0.27
上海	6 241.55	99.99	0.76	0.01	—	—	—	—
安徽	105 255.94	75.03	12 932.15	9.22	8 249.70	5.88	13 856.5	9.88
重庆	46 930.63	56.93	11 575.35	14.04	9 494.20	11.52	14 438.02	17.51
湖北	149 070.92	80.15	14 141.12	7.60	10 917.27	5.87	11 872.21	6.38
四川	243 658.76	50.36	103 338.37	21.36	78 682.67	16.26	58 154.91	12.02
浙江	49 602.18	48.66	15 485.48	15.19	18 577.50	18.22	18 280.65	17.93
总计	1 236 189.20	60.60	275 089.54	13.48	268 494.50	13.16	260 208.33	12.76

表 3-10 长江经济带生态服务功能重要性

分类 区域	一般重要		中等重要		重要		极重要	
	面积/km²	比例/%	面积/km²	比例/%	面积/km²	比例/%	面积/km²	比例/%
云南	36 940.13	9.64	75 497.63	19.70	102 851.56	26.84	167 939.94	43.82
湖南	54 246.50	25.58	26 848.69	12.66	49 344.94	23.27	81 608.88	38.49
贵州	24 466.44	13.90	40 726.75	23.14	39 975.31	22.72	70 809.31	40.24
江西	41 346.25	24.75	31 658.88	18.95	20 933.19	12.53	73 104.50	43.76
江苏	88 181.00	87.37	1 078.31	1.07	903.88	0.90	10 760.25	10.66
上海	6 153.06	98.57	14.94	0.24	8.13	0.13	66.38	1.06
安徽	92 252.13	65.76	7 079.56	5.05	9 436.56	6.73	31 528.00	22.47
重庆	13 974.06	16.95	17 095.44	20.74	15 744.13	19.10	35 626.25	43.21
湖北	70 545.44	37.93	22 393.50	12.04	23 740.25	12.76	69 319.88	37.27
四川	84 452.31	17.45	58 803.38	12.15	108 056.38	22.33	232 523.31	48.06
浙江	30 190.38	29.61	10 261.06	10.06	13 954.69	13.69	47 545.94	46.64
总计	542 747.69	26.61	291 458.13	14.29	384 949.00	18.87	820 832.63	40.24

（二）生态环境敏感性评价

本研究根据区域生态环境实际，运用 ArcGIS 软件，通过对全国生态环境敏感性数据的识别、分析与计算，分别对长江经济带各省市水土流失敏感性、土地沙化敏感性、石漠化敏感性进行评估，获取各要素的敏感性评估数值。运用 ArcGIS 重分类模块，结合专家知识将生态环境敏感性模块评估结果分为 4 级，即一般敏感、中等敏感、敏感和极敏感。长江经济带生态环境敏感性评价结果如下。

1. 石漠化敏感性

长江经济带石漠化敏感性整体较低，石漠化一般敏感区为 1 609 656km^2，约占研究区总面积的 79.06%，其次为中等敏感区，面积为 267 268km^2，约占研究区总面积的 13.13%，敏感与极敏感区面积共计 158 943km^2，该面积占长江经济带面积比例较小，这主要是因为长江经济带植被覆盖水平整体较高，裸岩率较低（表 3-11）。石漠化敏感性的空间分布呈自西向东逐渐递减的趋势，该结果主要是由于长江经济带西部与中部地区地形起伏较为显著、坡度较大，而东部地区平原面积所占比例较高、坡度较小，因此发生石漠化的概率较低，其中江苏、上海、安徽与浙江 4 省市的石漠化敏感性最低，行政区范围内无石漠化极敏感区分布。

表 3-11　长江经济带石漠化敏感性

区域＼分类	一般敏感		中等敏感		敏感		极敏感	
	面积/km^2	比例/%	面积/km^2	比例/%	面积/km^2	比例/%	面积/km^2	比例/%
云南	251 911	66.01	87 547	22.94	31 551	8.27	10 638	2.79
湖南	183 738	86.65	13 959	6.58	14 312	6.75	29	0.01
贵州	82 775	47.04	59 168	33.62	26 446	15.03	7 589	4.31
江西	161 507	96.70	2 767	1.66	2 255	1.35	498	0.3
江苏	100 057	99.98	0	0	21	0.02	0	0
上海	6 115	100.00	0	0	0	0	0	0
安徽	137 456	97.98	1 125	0.8	1 715	1.22	0	0
重庆	63 170	76.61	10 405	12.62	6 996	8.48	1 887	2.29
湖北	156 418	84.09	24 084	12.95	5 171	2.78	338	0.18
四川	367 448	75.96	67 872	14.03	36 961	7.64	11 442	2.37
浙江	99 061	98.57	341	0.34	1 094	1.09	0	0
总计	1 609 656	79.06	267 268	13.13	126 522	6.21	32 421	1.59

2. 水土流失敏感性

长江经济带水土流失敏感性整体较高，敏感与极敏感区面积共计 1 145 973km^2，约占长江经济带总面积的 56.43%，其次为一般敏感区，面积共计 621 558km^2，约占长江经济带总面积的 30.61%，中等敏感区面积最小，共计 263 274km^2，约占长江经济带总面积的 12.96%。长江经济带水土流失敏感性总体呈现西部与中部偏高、东部整体偏低的分布趋势，造成该结果的主要原因是西部地区地形起伏较为显著，坡度较高，容易造成水土流失，而东部地区地势平坦，水土流失敏感性相对较低。四川省与云南省水土流失敏感性最高，敏感与极敏感区面积共计 584 386km^2，约占长江经济带总面积的 28.65%，占全部敏感与极敏感区面积的 51%（表 3-12）。

表 3-12 长江经济带水土流失敏感性

分类 区域	一般敏感		中等敏感		敏感		极敏感	
	面积/km^2	比例/%	面积/km^2	比例/%	面积/km^2	比例/%	面积/km^2	比例/%
云南	37 957	9.99	72 204	19.00	215 553	56.71	54 366	14.3
湖南	68 781	32.44	34 659	16.35	91 751	43.27	16 854	7.95
贵州	48 989	27.84	30 957	17.59	85 405	48.53	10 636	6.04
江西	38 289	22.92	2 430	1.45	104 302	62.44	22 014	13.18
江苏	70 277	70.89	18 755	18.92	9 523	9.61	586	0.59
上海	3 042	52.39	2 121	36.53	640	11.02	3	0.05
安徽	92 190	65.71	14 465	10.31	23 823	16.98	9 816	7.00
重庆	27 882	33.81	9 209	11.17	34 025	41.26	11 349	13.76
湖北	87 218	46.89	25 950	13.95	59 154	31.8	13 700	7.36
四川	125 079	25.85	44 324	9.16	259 188	53.57	55 279	11.42
浙江	21 854	22.29	8 200	8.36	43 115	43.97	24 891	25.38
总计	621 558	30.61	263 274	12.96	926 479	45.62	219 494	10.81

3. 土地沙化敏感性

长江经济带位于我国南部地区，植被覆盖水平较高，植被条件较好，因此土地沙化敏感性整体较低。研究区土地沙化一般敏感与中等敏感区域面积共计 2 017 844km^2，约占总面积的 99.19%，仅江苏有小部分区域为土地沙化极敏感区（表 3-13）。

4. 生态环境敏感性综合评价

通过对石漠化、水土流失与土地沙化评价结果进行叠加分析，得到长江经济带生态环境敏感性评价结果。评价结果显示，长江经济带生态环境敏感性整体较高，敏感与极敏感区面积共计 1 205 529km^2，约占长江经济带总面积的 59.39%。所有敏感性类型中水土流失敏感性最高，其次为石漠化敏感性，土地沙化敏感性最低。长江经济带敏感性空间分布整体呈现由西部向东部递减的趋势，其中云南省与四川省两省的敏感与极敏感区分布最广，面积共计 605 898km^2，约占长江经济带总面积的 29.8%，约占长江经济带敏感与极敏感区总面积的 50.26%（表 3-14）。研究区敏感性东高西低的空间分布特征与其地形地貌的空间分布有着很大的关联，西部与中部整体坡度较高，从而导致了水土流失、石漠化等的敏感水平要显著高于东部的平原地区。

表 3-13　长江经济带土地沙化敏感性

区域＼分类	一般敏感		中等敏感		敏感		极敏感	
	面积/km^2	比例/%	面积/km^2	比例/%	面积/km^2	比例/%	面积/km^2	比例/%
云南	5 298	1.39	370 645	97.18	5 440	1.43	0	0
湖南	62 362	29.41	148 842	70.19	844	0.40	0	0
贵州	19 935	11.33	155 908	88.59	145	0.08	0	0
江西	26 062	15.6	140 601	84.16	407	0.24	0	0
江苏	77 135	77.48	19 951	20.04	2 459	2.47	16	0.016
上海	3 360	55.32	2 208	36.35	506	8.33	0	0
安徽	87 860	62.61	49 459	35.25	2 999	2.14	0	0
重庆	17 555	21.29	64 851	78.66	43	0.05	0	0
湖北	73 222	39.36	111 527	59.95	1 281	0.69	0	0
四川	130 300	26.93	351 171	72.57	2 408	0.50	0	0
浙江	15 658	15.71	83 934	84.24	49	0.05	0	0
总计	518 747	25.50	1 499 097	73.69	16 581	0.82	16	0.000 8

表 3-14　长江经济带生态环境敏感性

区域＼分类	一般敏感		中等敏感		敏感		极敏感	
	面积/km^2	比例/%	面积/km^2	比例/%	面积/km^2	比例/%	面积/km^2	比例/%
云南	2 037	0.54	93 877	24.75	219 996	58.00	63 381	16.71
湖南	38 405	18.11	55 079	25.98	101 768	48.00	16 786	7.92
贵州	5 768	3.28	56 731	32.24	95 713	54.39	17 766	10.10
江西	20 336	12.18	19 430	11.63	104 787	62.74	22 474	13.46
江苏	66 185	66.92	22 167	22.41	9 988	10.10	565	0.57
上海	2 651	45.97	2 336	40.51	777	13.47	3	0.05
安徽	82 978	59.14	21 521	15.34	25 993	18.53	9 804	6.99

续表

区域＼分类	一般敏感		中等敏感		敏感		极敏感	
	面积/km^2	比例/%	面积/km^2	比例/%	面积/km^2	比例/%	面积/km^2	比例/%
重庆	13 353	16.19	20 740	25.15	35 608	43.18	12 757	15.47
湖北	65 014	34.95	44 658	24.01	62 328	33.51	14 011	7.53
四川	90 009	18.61	71 193	14.72	259 136	53.57	63 385	13.10
浙江	11 674	11.89	18 010	18.34	43 347	44.15	25 156	25.62
总计	398 410	19.63	425 742	20.98	959 441	47.27	246 088	12.12

四、生态环境承载力预警分析

（一）资源环境耗损过程评价

1. 评价方法

资源环境耗损指数由 3 个类别指标构成，分别为：资源利用效率变化、环境质量变化和生态质量变化。综合以往研究与数据获取的可行性，最终确定 3 个类别指标的数据层指标如下：资源利用效率变化中包含了土地资源利用效率和水资源利用效率变化，环境质量变化中包含了水污染物排放强度变化、地表水III类以上监测断面比例变化、大气污染物排放强度变化和空气质量优良天数比例变化，生态质量变化包含了森林覆盖率变化（表 3-15）。

表 3-15　长江经济带资源环境耗损评价指标集

概念层	类别层	指标层		数据层
资源环境耗损指数	资源利用效率变化	土地资源利用效率变化（建设用地）		10 年年均变化率
		水资源利用效率变化（用水量）		10 年年均变化率
	环境质量变化	水环境质量变化	水污染物排放强度变化 地表水III类以上监测断面比例变化	10 年年均变化率
		大气环境质量变化	大气污染物排放强度变化	10 年年均变化率
			空气质量优良天数比例变化	5 年年均变化率*
	生态质量变化	森林覆盖率变化		10 年年均变化率

*因新版《环境空气质量标准》增加了 $PM_{2.5}$ 监测指标，新版空气质量发布平台 2013 年上线，故空气质量优良天数比例变化采用 2013～2018 年的年均变化表征。

过程评价需要长时间序列数据的支撑，通过逐年数据变化对发展趋势进行判定。通过对比全国、长江经济带 2007～2017 年 10 年数据变化趋势可以发现，长江经济带与全国变化方向有趋同的特性。基于此，长江经济带资源环境耗损指数测度指标采用 10 年年均变化率来表征。

根据上述 7 项指标数值与对应的全国平均值的关系将各指标值进行分类定性，再将定性指标集成为资源利用效率变化、环境质量变化、生态质量变化 3 个类别，见表 3-16。其中环境质量变化由水环境质量变化和大气环境质量变化集成，水环境质量变化由水污染物排放强度变化与地表水Ⅲ类以上监测断面比例变化集成，大气环境质量变化由大气污染物排放强度变化与空气质量优良天数比例变化集成，见表 3-17。

表 3-16　资源环境耗损指数及类别划分

指标	类别	指向	阈值标准
资源利用效率变化	低效率类	变化趋差	两类效率变化指标均低于全国平均水平
	高效率类	变化趋良	除上述情况外的其他情况
环境质量变化	低质量类	变化趋差	两类质量变化指标均为低质量类
	高质量类	变化趋良	除上述情况外的其他情况
生态质量变化	低质量类	变化趋差	森林覆盖率年均变化率低于全国平均水平
	高质量类	变化趋良	森林覆盖率年均变化率不低于全国平均水平

表 3-17　环境质量变化类别划分

指标	类别	指向	阈值标准
水环境质量变化	低质量类	变化趋差	水污染物排放强度高于全国平均水平或地表水 III 类以上监测断面比例变化低于全国平均水平
	高质量类	变化趋良	除上述情况外的其他情况
大气环境质量变化	低质量类	变化趋差	大气污染物排放强度高于全国平均水平或空气质量优良天数比例变化低于全国平均水平
	高质量类	变化趋良	除上述情况外的其他情况

根据资源利用效率变化、环境质量变化、生态质量变化 3 个类别的匹配关系，按表 3-18 的综合分类标准得到不同类型的资源环境耗损指数。在考虑综合分类方法实际可行的情况下，将 3 个类别的匹配方法定为“3 类指标变化中至少有两项趋向差的方向”则分类为加剧型单元。

表 3-18　资源环境耗损指数综合分类

指数名称	类别	分类标准
资源环境耗损指数	加剧型	3 类指标变化中至少有两项均趋向差的方向
	趋缓型	除上述情况外的其他情况

2. 数据来源

本书数据主要来源于长江经济带各省市“统计年鉴”“环境状况公报”“环境统计年报”和各省市环境监测中心站的大气与水环境质量监测数据，对于个别年份缺失的数据采用插值进行处理。

3. 资源利用效率变化评价结果

从整体评价来看，长江经济带资源利用总体为高效率类。10 年间，上海、江苏、浙江、安徽、江西、四川、云南 7 省市的资源利用效率趋良，湖北、湖南、重庆、贵州 4 省市资源利用效率趋差，如表 3-19 所示。从指标组合关系上看，长江经济带 11 省市中，上海的建设用地和水资源利用效率同时趋良；湖北、湖南、重庆、贵州 4 省市的建设用地和水资源利用效率同时趋差。

表 3-19　2007 年～2017 年长江经济带各省市资源环境耗损指数各指标类别

区域	资源利用效率变化		环境质量变化		生态质量变化	
	类别	指向	类别	指向	类别	指向
上海市	高效率类	变化趋良	高质量类	变化趋良	高质量类	变化趋良
江苏省	高效率类	变化趋良	低质量类	变化趋差	高质量类	变化趋良
浙江省	高效率类	变化趋良	高质量类	变化趋良	低质量类	变化趋差
安徽省	高效率类	变化趋良	低质量类	变化趋差	低质量类	变化趋差
江西省	高效率类	变化趋良	低质量类	变化趋差	低质量类	变化趋差
湖北省	低效率类	变化趋差	高质量类	变化趋良	高质量类	变化趋良
湖南省	低效率类	变化趋差	高质量类	变化趋良	低质量类	变化趋差
重庆市	低效率类	变化趋差	高质量类	变化趋良	高质量类	变化趋良
四川省	高效率类	变化趋良	低质量类	变化趋差	低质量类	变化趋差
云南省	高效率类	变化趋良	低质量类	变化趋差	高质量类	变化趋良
贵州省	低效率类	变化趋差	低质量类	变化趋差	高质量类	变化趋良
长江经济带	高效率类	变化趋良	低质量类	变化趋差	高质量类	变化趋良

4. 环境质量变化评价结果

从整体评价来看，长江经济带环境质量总体趋差。10 年间，上海、浙江、湖北、湖南、重庆 5 省市评价单元环境质量变化趋良；江苏、安徽、江西、四川、云南、贵州 6 省评价单元环境质量变化趋差，如表 3-19 所示。

（1）水环境质量变化评价结果

从整体来看，长江经济带水环境质量变化总体趋差。10年间，上海、湖北、湖南、重庆4省市水环境质量变化趋良，江苏、浙江、安徽、江西、四川、重庆、云南7省市水环境质量趋差。从空间来看，水环境质量变化存在空间分布特征，中游地区水环境质量变化趋势好于下游地区，下游地区好于上游地区。从指标组合来看，长江经济带11省市的地表水Ⅲ类以上监测断面比例变化均高于全国平均水平。

（2）大气环境质量变化评价结果

从整体来看，长江经济带大气环境质量变化总体趋差，10年间，浙江、湖北2省大气环境质量变化趋良，上海、江苏、安徽、江西、湖南、四川、重庆、云南、贵州9省市大气环境质量变化趋差。从空间来看，中下游地区大气环境质量变化趋势好于上游地区。从指标组合来看，11省市中单位GDP大气污染物排放变化趋良单元远多于空气质量优良天数比例变化趋良单元，且大气环境质量变化趋势与空气质量优良天数比例变化情况完全相同。

5. 生态质量变化评价结果

与环境质量趋势不同，长江经济带生态质量整体处于逐步提高的状态，年均变化率约为0.3%。上海、江苏、湖北、重庆、云南、贵州6省市的生态环境质量变化趋良，浙江、安徽、江西、湖南、四川5个省的生态环境质量变化趋差，如表3-19所示。

6. 资源环境耗损评价结果

从整体来看，长江经济带资源环境耗损属趋缓型。由表3-20可知，趋缓型评价单元占所有评价单元的54.6%，加剧型评价单元占所有评价单元的45.4%。从发展情况来看，上海、浙江、江苏等省市发展水平较高的地区，其资源环境耗损属趋缓型；安徽、江西、四川、湖南是近几年发展较快的省份且仍在快速发展，其资源环境耗损属加剧型；云南和贵州是发展较落后的地区，云南属趋缓型，贵州资源利用效率较低，属加剧型。

（二）预警等级分析

运用基于环境质量标准的环境承载力评价方法，根据2016年长江经济带各省市各区县监测指标的年均质量浓度，对长江经济带环境综合承载能力进行评价，

表 3-20　长江经济带各省市资源环境耗损情况及各类指标统计

资源环境耗损指数	资源利用效率变化	环境质量变化	生态质量变化	省市	占比例/%
加剧型	低效率类	低质量类	低质量类	无	0
	高效率类	低质量类	低质量类	安徽、江西、四川	27.2
	低效率类	高质量类	低质量类	湖南	9.1
	低效率类	低质量类	高质量类	贵州	9.1
		合计		5 个	45.4
趋缓型	高效率类	高质量类	高质量类	上海	9.1
	高效率类	高质量类	低质量类	浙江	9.1
	高效率类	低质量类	高质量类	江苏、云南	18.2
	低效率类	高质量类	高质量类	湖北、重庆	18.2
		合计		6 个	54.6

评价结果见表 3-21。根据资源环境耗损指数和环境综合承载能力的划分将预警等级划分为 5 级（图 3-2）。资源环境耗损加剧的超载区域定为红色预警区（极重警），资源环境耗损趋缓的超载区域定为橙色预警区（重警）；资源环境耗损加剧的临界超载区域定为黄色预警区（中警），资源环境耗损趋缓的临界超载区域定为蓝色预警区（轻重警）；不超载的区域为绿色无警区（无警）。

表 3-21　长江经济带各省市预警等级情况

区域	资源环境损耗类别	环境综合承载能力	预警等级
上海市	趋缓型	超载	橙色预警
江苏省	趋缓型	超载	橙色预警
浙江省	趋缓型	超载	橙色预警
安徽省	加剧型	超载	红色预警
江西省	加剧型	超载	红色预警
湖北省	趋缓型	超载	橙色预警
湖南省	加剧型	超载	红色预警
重庆市	趋缓型	超载	橙色预警
四川省	加剧型	超载	红色预警
云南省	趋缓型	临界超载	蓝色预警
贵州省	加剧型	临界超载	黄色预警
长江经济带	趋缓型	超载	橙色预警

从整体来看，长江经济带处于橙色预警区，11 省市中，安徽、江西、湖南、四川 4 省属于红色预警区，上海、江苏、浙江、湖北、重庆 5 省市属于橙色预警区，贵州为黄色预警区，云南为蓝色预警区。从发展水平来看，长江经济带 11 省市中发展水平较高的上海、江苏、浙江等地区，处于橙色预警区；云南和贵州等发展水平

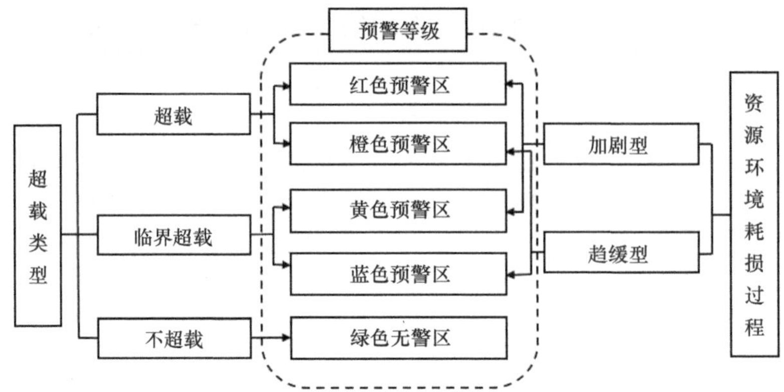

图 3-2 资源环境超载类型与预警等级的对应关系

相对较低的地区，处于蓝色或黄色预警区，有一定的发展空间；近几年发展速度较快的安徽、江西、四川等地区，处于红色预警区。

五、资源环境禀赋特征及短板分析

（一）资源环境禀赋特征

1. 地表水资源丰富，是中华民族战略水源地

按全国生态功能区划，全国 17 个重要水源涵养生态服务功能区中，分布在长江经济带范围内的有 8 个，占 47.1%，包括秦巴山地、大别山、淮河源、南岭山地、东江源、若尔盖、三峡库区和丹江口水库库区。长江流域单位面积水源涵养量高值区主要位于湖南、江西、浙江、云南等地。长江是中华民族的生命河，多年平均水资源总量约 9 958 亿 m^3，约占全国水资源总量的 35%。每年长江供水量超过 2 000 亿 m^3，保障了沿江 4 亿人生活和生产用水需求，还通过“南水北调”惠泽华北、苏北、山东半岛等广大地区。

从空间上看，水网密度指数在空间上表现出地区分带性和差异性。从全域角度看，整个长江经济带呈现大面积水网密度指数一般而局部地区集中高的基本特征。具体表现为：以长江下游北部沪、苏、皖地区水网密度指数较大，而南部浙江省又相对一般的基本特征；长江中游以安徽省无为县、江西省南昌县及湖北省洪湖市区域指数集中高，其他地区以其为中心向四周呈辐射状逐渐降低的基本特征；长江上游大部分地区水网密度指数一般较小，在四川省成都平原呈现局部地区的水网密度指数集中低的特征。

2. 土地资源较丰富，部分地区开发强度较大

根据相关研究成果来看，除上海市、重庆市主城区，长江经济带大部分区域可利用土地资源较丰富。其中丰富、较丰富区域占 74.38%，而缺乏和较缺乏区域仅占 2.68%，说明长江经济带区域可利用土地资源总体较丰富，具有较大的开发潜力。安徽省、湖北省、云南省人均可利用土地资源较为丰富，远远高于 11 省市的平均水平。上海市、浙江省、重庆市人均可利用土地资源较缺乏，远低于平均水平。南昌市、武汉市、长沙市等长江经济带中部省会城市人均可利用土地资源高于平均水平，具有较大的空间开发潜力。杭州市、南京市等发达城市，土地利用开发强度大，而人均可利用土地资源较少。总体来说，长江经济带中部省会城市土地利用开发潜力要明显高于东部省会城市和西部省会城市。

3. 环境质量区域差异显著，总体环境形势好于全国平均水平

受地形地貌多样、气候气象条件差异较大、经济社会发展不平衡等因素影响，长江经济带各省市环境状况差异显著，但总体上环境质量好于全国平均水平。从大气环境承载力评价结果来看，2016 年长江经济带大气环境承载形势整体较为严峻，总体上西部山地承载形势较好，中部和东部承载形势趋于严重。区域大气环境综合超标指数达到 0.28，其中四川省、安徽省、湖北省部分城市的超标程度较严重，四川省自贡市超标指数为 1.09，江苏省苏州市为 0.86，四川省泸州市和湖北省襄阳市都为 0.83，为超载最为严重的 4 个地级市。从水环境承载力评价结果来看，2016 年长江经济带水环境形势整体相对较好，处于临界超载状态，其水环境综合超标指数约为-0.10。其中江苏省的超载程度最为严重，其超标指数达到 0.23，上海市和浙江省两地的超标指数分别为 0.10 和 0.06，其超载程度也较高，其他省市水环境均处于临界超载或不超载状态，水环境承载形势较好。

4. 生态地位突出，是我国重要的生态宝库

长江经济带地跨热带、亚热带和暖温带，地貌类型复杂，生态系统类型多样，川西河谷森林生态系统、南方亚热带常绿阔叶林森林生态系统、长江中下游湿地生态系统等是具有全球重大意义的生物多样性优先保护区域。长江经济带涵盖了我国 13 个陆域生物多样性保护优先区域，总面积 45.4 万 km^2，占国土面积的 22.15%。国家重点保护的野生动植物群落、物种和数量在我国七大流域中多占首位，是我国众多珍稀濒危野生动植物的重要栖息繁衍场所。截至 2013 年长江经济带已建成

204 个国家级水产种质资源保护区，涉及中华鳖、翘嘴鲌、长吻鮠、黄颡鱼、秀丽白虾等重要水产资源。

岷江上游及“三江并流”、丹江口库区、嘉陵江上游、武陵山、新安江和湘资沅上游等地区是国家水土流失重点预防区，金沙江下游、嘉陵江及沱江中下游、三峡库区、湘资沅（湘江、资水、沅江）中游、赤水河上中游等地区是国家水土流失重点治理区，贵州等西南喀斯特地区是世界三大石漠化地区之一。环四川盆地丘陵区、南岭山脉、武夷山脉、皖南山区等长江流域地区具有较高的生态系统土壤保持功能。长江流域山、水、林、田、湖、草浑然一体，具有巨大的洪水调节、水源涵养、水土保持、生物多样性维持、净化环境等多种生态功能。

（二）问题识别与诊断

1. 生态环境空间挤占严重，生态安全形势严峻

（1）生态系统破碎化加剧，大量的生态环境空间被挤占

长江流域一直缺乏整体性保护，生态系统退化的趋势在加剧。近 20 年来，长江经济带生态系统格局变化剧烈，城镇面积增加 39.03%，部分大型城市城镇面积增加显著。农田、森林、草地、河湖、湿地等生态系统面积减少。岸线开发存在乱占滥用、占而不用、多占少用、粗放利用等问题。中下游湖泊、湿地萎缩，洞庭湖、鄱阳湖面积减少，枯水期提前。长江水生生物多样性指数持续下降，多种珍稀物种濒临灭绝，中华鲟、达氏鲟（长江鲟）、胭脂鱼、“四大家鱼”等的鱼卵和鱼苗大幅减少，长江上游受威胁鱼类种类占全国总数的 40%，白鱀豚已功能性灭绝，江豚面临极危态势。外来有害生物入侵加剧。

专栏 1　近期径流调节能力仍将增加，江湖关系复杂

以目前的调度方式，2025 年 6～9 月长江径流进一步减少，特别是 9 月对中下游的影响加剧；2035 年 6～8 月径流量还将减少。未来水库出库泥沙将长期维持低水平，长江中下游总体仍以冲刷为主，并将长期保持。未来 30 年随着床沙变粗，抗冲刷能力增强，冲刷强度将开始变缓。未来江湖关系演变趋势与水库蓄水运行后相同。由于干流持续冲刷、径流年内变化等因素，湖区水位存在持续下降风险。

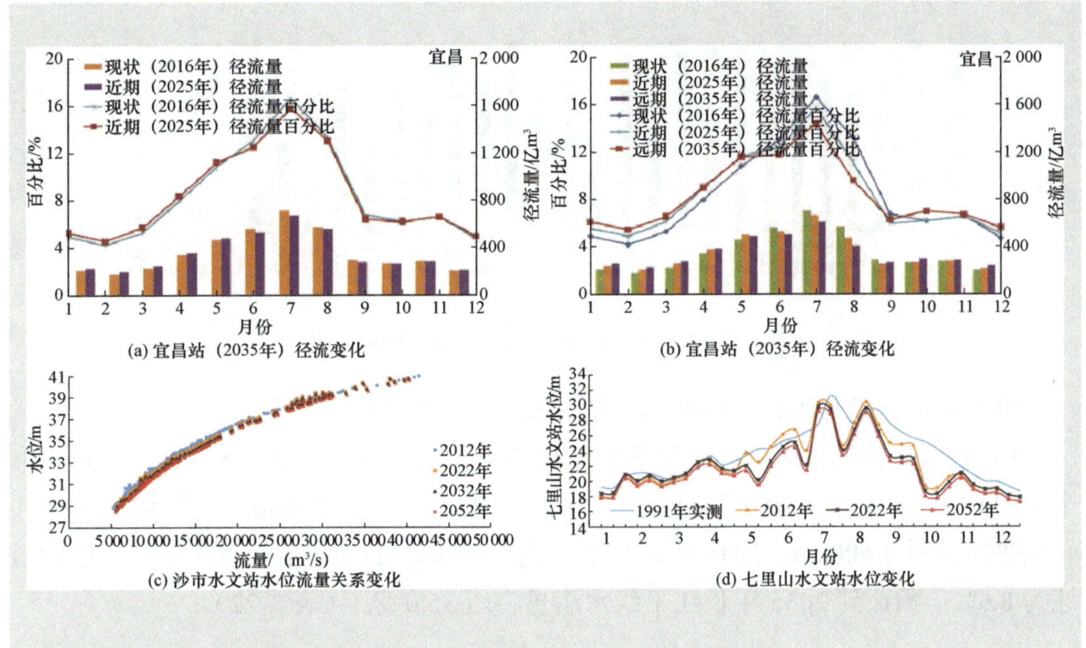

(a) 宜昌站（2035年）径流变化　(b) 宜昌站（2035年）径流变化
(c) 沙市水文站水位流量关系变化　(d) 七里山水文站水位变化

专栏2　河流连通性下降导致水生态功能受损，水生生境破碎化

上游空间格局破碎，干流和一级支流的纵向连通性下降；特别是金沙江中下游、岷江上游干流、嘉陵江干流、乌江干流连通性为“劣”；洞庭湖水系、汉江干流、赣江干流为“劣”；中下游湖泊、湿地大幅萎缩，河网连通性降低，水生生境结构简单化。生物群落结构转变，对流水生境依赖度高的物种资源量显著下降，经济物种早期资源量和生物量下降；濒危物种受威胁程度加剧，白鱀豚等功能性灭绝。

（2）自然岸线保有率低，生态敏感岸线遭受侵占

1）自然岸线保有率低（图3-3）。长江干流自然岸线长度为5 069km，自然岸线保有率64.1%，但其中极具生态价值的自然滩地所占比例已不到20%，整体自然岸线的保护现状不容乐观。

2）生态敏感岸线遭受侵占。1 061km的生态敏感岸线被港口工业和城镇生活占用，其中自然保护区被占用425km，水产种质资源保护区被占用595km。

3）洲滩湿地遭受侵占。近300km的洲滩湿地受到港口码头、工业、城市公园、堤内水产养殖或农业种植占用和干扰。

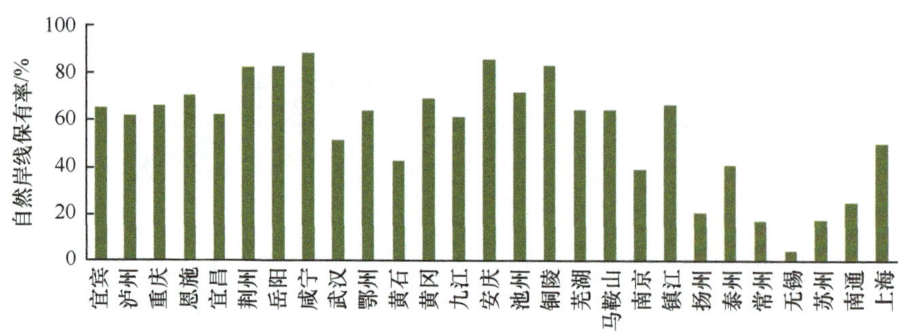

图 3-3　长江流域干流各城市自然岸线保有率

（3）航道建设与港口发展快速，仍将威胁生态安全

1）航道建设与航运活动将呈快速发展趋势。内河航道通航里程 76 871km，占全国的 61.0%；长江干流航道全长 2 718km；2020 年，长江流域（含下游河网）共有高等级航道 9 600km。2016 年，长江干线水运量达 22.1 亿 t，2005 年以来年均增速为 8.6%；预计到 2035 年长江干线水运量将达 35.0 亿 t（表 3-22）。

表 3-22　长江干线水运量发展现状及预测　　（单位：亿 t）

货物装运类型	2016 年现状		2035 年	
	水运量	江海直达	水运量	江海直达
大宗干散货	14.0	7.5	20.1	10.4
液体散货	1.0	0.6	1.7	1.3
集装箱重量	3.7	2.4	6.5	5.0
其他	3.4	2.1	6.7	3.3
合计	22.1	12.6	35.0	20.0

2）港口岸线占用率较高，部分港口岸线利用效率较低。2016 年长江干流港口岸线长度 946km（岸线长度较长的有重庆港、荆州港、南通港、嘉兴港、南京港、上海港），占水富以下长江干流岸线总长的 11.8%。规划港口岸线长度 1 236km，占长江干流岸线总长的 15.5%。荆州港、宜昌港、宜宾港等部分港口岸线利用效率较低，每米岸线年吞吐量小于 1 000t。远期来看荆州港利用效率依然较低，每米岸线年吞吐量仅为 300t。

3）未来规划港口岸线与生态环境空间冲突加剧（表 3-23）。从现状来看，长江干线港口现有岸线可能涉及各级自然保护区 8 个（76.8km），涉及国家级水产种质资源保护区 8 个（83km）。从远期来看，规划岸线可能涉及各级自然保护区 10 个（233km），涉及国家级水产种质资源保护区 7 个（168km）。

表 3-23　长江岸线涉及保护区情况

区域	已利用岸线涉及保护区/m			规划岸线涉及保护区/m		
	自然保护区	种质资源保护区	合计	自然保护区	种质资源保护区	合计
四川省	8 785	—	8 785	28 240	—	28 240
重庆市	4 136	—	4 136	3 525	965	4 490
湖北省	12 510	10 159	22 669	82 516	89 471	171 987
湖南省	7 655	15 612	23 267	8 621	21 450	30 071
江西省	10 642	448	11 090	—	6 480	6 480
安徽省	13 878	4 035	17 913	99 887	34 287	134 174
江苏省	16 979	52 726	69 705	6 996	16 053	23 049
上海市	2 251	—	2 251	3 214	—	3 214

（4）干流河段连通性还将降低，鱼类栖息地保护压力较大

根据水资源开发态势，局部河段，如金沙江、雅砻江、大渡河等干流河段连通性将进一步降低；部分中小河流的水资源工程退出后，其连通性得到恢复。上游影响区鱼类种类组成由“河流相”进一步向“湖泊相”演变；裂腹鱼类和鮡科鱼类等流水生境鱼类生存空间压缩。长江上游珍稀特有鱼类保护区有 132 种鱼类与金沙江中游鱼类相同，相同率为 88.6%，大多数鱼类能够维持一定的种群。长江中下游水文情势进一步变化，河道冲刷继续发展，如果不采取有效的生态调度措施，“四大家鱼”、中华鲟等的繁殖将受到不利影响。

2. 环境风险隐患多，饮水安全保障压力大

（1）主要干支流沿岸高环境风险工业企业分布密集

重化工企业密布长江，流域内 30%的环境风险企业位于饮用水水源地周边 5km 范围内，各类危、重污染源生产储运集中区与主要饮用水水源交替配置。长江经济带化工、医药、有色金属采选业等高环境风险行业企业众多，相关统计数据见第 23 页。

（2）危险化学品运量持续增大，长江水环境风险加剧

1）危险化学品运量增大、船舶碰撞引发泄漏事故的潜在风险增加。长江下游危险化学品运量大于中上游地区，其中江苏段以长江航运里程的 1/7，承担了 70%的长江运量，2016 年载运危险货物船舶 12 万艘次，辖区船载危险货物吞吐量 1.63 亿 t，占整个长江船载危险货物运输的 80%。

2）未来长江下游仍是事故高风险段，中上游部分江段也不容忽视。未来长江下

游尤其是南京及以下区域仍是高风险区，应重点加强防范。长江中上游历史事故发生率及危险货品运量要少于下游，但环境风险防范仍不容忽视。例如，重庆、岳阳、武汉等地危险化学品运量相对较大；三峡大坝、安庆大桥附近船舶密集且平均吨位大（图 3-4）；宜宾、泸州港位于长江上游珍稀特有鱼类国家级自然保护区内等。

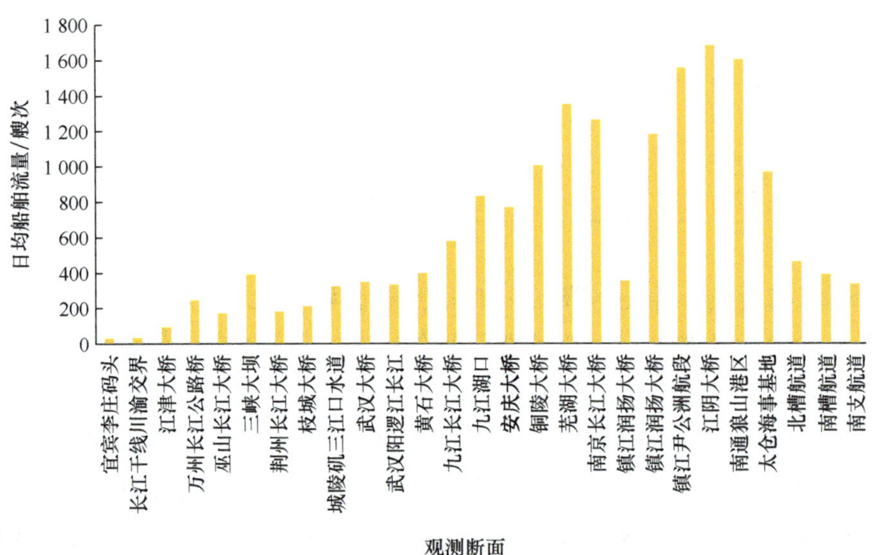

图 3-4　各观测断面日均船舶流量

（3）环保基础设施建设滞后，河流型饮用水水源地面临威胁

1）基础设施建设滞后，处理能力不足。城市建成区排水管道密度偏低，如 2016 年武汉城市群（8km/km^2）、成渝（8km/km^2）、黔中（5km/km^2）、西宁市（7km/km^2）均低于全国平均水平（9km/km^2）。城市污水处理能力不足，如 2016 年成渝（71%）、滇中（80%）、黔中（81%）、昌九（83%）及西宁（61%）污水处理率均低于全国平均水平（88%）。

2）垃圾处理区域差异明显，布局性风险突出。中游地区以卫生填埋为主（74.5%）；上游和下游地区卫生填埋量分别占 39%、40%，下游地区 967 个垃圾处理设施，85%以上位于城市边界范围内，其中包括 27 个垃圾填埋厂、8 个垃圾焚烧厂、6 个资源化利用中心和若干垃圾中转设施。

3）城市间距缩小，取排水交错布局风险大。中下游城市分布密集，城市平均人口高达 396 万人，沿江城市平均间距仅 74km。成渝及中下游城市群集群化特征显著。下游沿江、环太湖和中游武汉城市群、长株潭城市群城市平均距离为 60～100km，上下游之间的布局性环境风险突出。长江流域排污口与饮用水源地交错布局，中下游地区尤为严重。

3. 污染物排放量大，环境质量待改善

（1）污染物排放量大，临近或超出环境承载能力

长江经济带污染排放总量大、强度高，2016 年长江经济带废水、COD 和氨氮排放量分别为 314.02 亿 t、773.54 万 t 和 97.11 万 t，分别占全国排放总量的 44.16%、37.59%、45.56%，长江经济带 SO_2、NO_x 和烟粉尘排放总量分别为 405.35 万 t、470.94 万 t 和 247.62 万 t，分别占全国的 34.15%、31.99%和 27.17%。单位面积 COD、氨氮、SO_2、NO_x、挥发性有机物排放强度是全国平均水平的 1.5～2.0 倍。水环境承载力评价结果显示，长江经济带总体水环境处于临界超载状态，大气环境处于超载状态，承载形势整体较为严峻。

（2）局部水环境污染严重，水库富营养化形势严峻

部分支流污染严重，2016 年闽江流域水质达标率仅为 61.5%；沱江干流全部劣于Ⅲ类，超标因子为总磷、氨氮。开展监测的 61 个天然湖泊和 352 个水库中，71.6%的湖泊和 23.9%的水库呈中度、轻度富营养状态（图 3-5），其水质状况也不容乐观（表 3-24）；流域内水华发生的重点水域为滇池、巢湖、汉江中下游、三峡水库支流等。

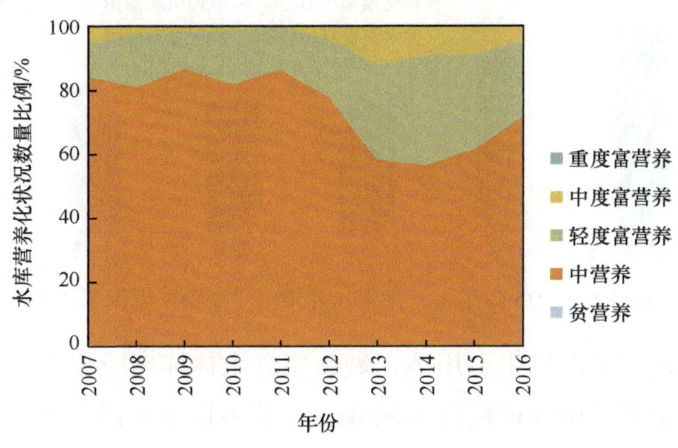

图 3-5　2007～2016 年水库营养化状况变化情况

表 3-24　主要水库 2007～2016 年水质监测

年份	总数	Ⅰ～Ⅲ类	Ⅳ类	Ⅴ类	劣Ⅴ类
2007	38	33	3	2	0
2008	42	36	6	0	0
2009	68	63	3	2	0

续表

年份	总数	Ⅰ～Ⅲ类	Ⅳ类	Ⅴ类	劣Ⅴ类
2010	83	74	6	0	3
2011	89	81	8	0	0
2012	99	91	7	0	1
2013	225	160	34	12	19
2014	229	170	33	10	16
2015	254	190	35	8	21
2016	352	283	33	19	17

（3）中上游干流及重点流域生活源氮磷污染将依然突出

相关预测结果表明，全流域用水、排水总量将持续上升（图 3-6），中上游长江干流、金沙江、乌江流域城镇用水增长较快，2025 年将增长 32%～44%，2035 年将增长 57%～73%。中上游生活源氮磷排放压力大，2035 年全流域生活源总氮排放量高于现状，总氮污染压力较大的流域包括中游干流（142%）、上游干流（134%）、乌江（124%）、下游干流（118%）、汉江（117%）、淮河（116%）（图 3-7）；总磷污染压力较大的流域包括乌江（106%）、淮河（103%）（图 3-8）。

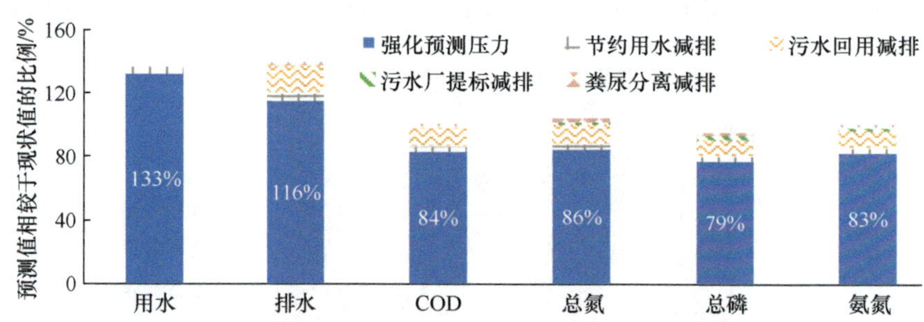

图 3-6　2035 年用水、排水及各项水污染物压力预测结果

（4）城镇建设大量占用生态用地，城镇黑臭水体问题突出

上游省会城市生态用地被侵占 3 089km^2，其中耕地被侵占 2 342km^2，林草地被侵占 569km^2；长三角地区沿江沿湾环湖城市生态用地被侵占 4 526km^2，其中耕地被侵占 4 125km^2，水域被侵占 143km^2；环鄱阳湖、洞庭湖城市生态用地被侵占 1 990km^2，其中耕地被侵占 1 155km^2，水域被侵占 76km^2。2016 年长江流域排查黑臭水体 954 个，其中未治理完成的黑臭水体占全国的 44%，主要集中在长江中游。皖江城市带未完成治理的黑臭水体占流域总数的 36%，其次为成渝地区（10%）和长株潭城市群（9%）。

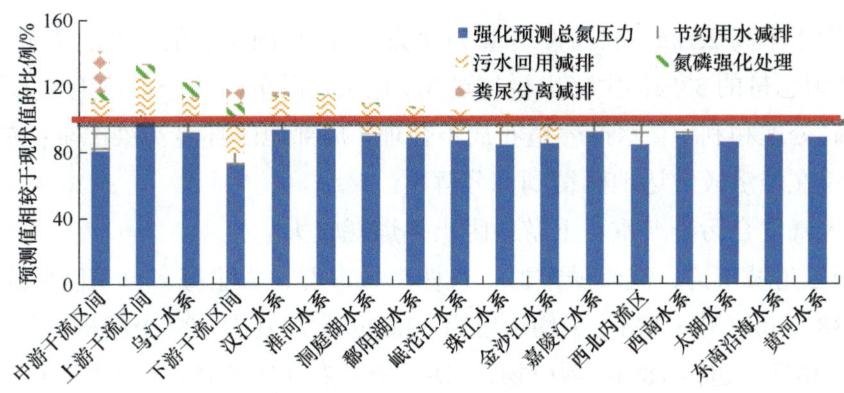

图 3-7　2035 年总氮污染压力预测结果

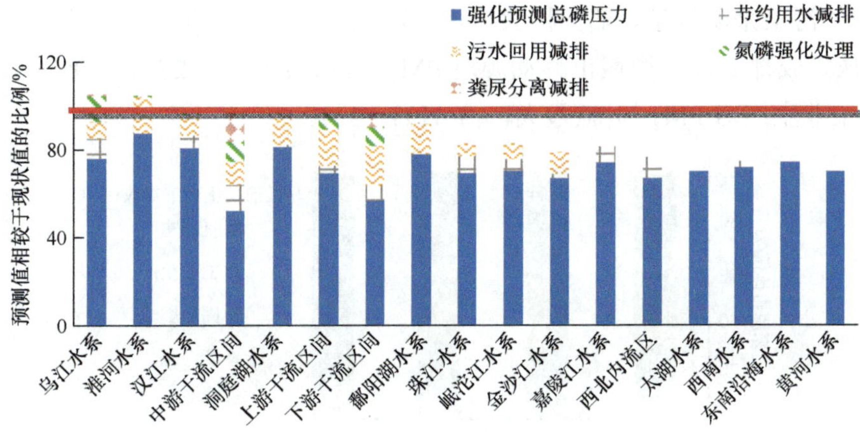

图 3-8　2035 年总磷污染压力预测结果

（5）岸线开发影响滨岸带水质，制约长江水环境的治理改善

长江滨岸带水质总体呈从上游至下游逐渐恶化的趋势，岸线利用对滨岸水质影响显著，港口、城市岸带、城市内河入江口及入海口污染物含量普遍高于自然江段和滨江湿地。船舶污水排放持续增加，2016 年长江干线各省市航行船舶污水排放量合计 3 286 万 t，COD 排放量 1 528t；预计 2035 年规划实施后区域污水年排放量将增加 2 256 万 t，COD 年排放量增加 1 060t。

（6）农业农村面源污染形势仍然严峻

2016 年，沿江 11 省市化肥使用量、农药使用量、生猪出栏数分别比 2014 年下降 2%、5%和 7%。其中，上海市下降幅度达到 10%、16%和 29%，浙江省下降幅度达到 6%、16%和 32%。但是，由于农业生产总量大、生产生活方式不合理、历史欠账多等原因，长江经济带农业农村面源污染形势仍然严峻。2016 年，沿江 11 省市化肥使用量 2 134 万 t（折纯量），占全国总量的 36%；耕地单位面积使用量 31.7kg/亩，比全国平均水平高 2.1kg；农药使用量 71.1 万 t，占全国总量的 41%；农膜用量 84.5 万 t，占全国总量的 33%；生猪出栏超过 3.4 亿头，占全国的一半以上，大量畜禽粪污没有及时处理和利用；水产养殖布局不合理、局部地区环境污染严重；农村垃圾、污水治理仅在经济较发达地区得到部分解决。

（7）大气复合污染严重，下游地区供热煤耗较大

1）长三角城市群、武汉城市群、长株潭城市群、成渝城市群呈区域连片污染。2016 年 138 个市（州）$PM_{2.5}$ 平均浓度为 43.6μg/m^3，其中 103 个超标，超标 41%；86 个 PM_{10} 超标，超标 18%；颗粒物、SO_2、NO_x 浓度秋冬高、春夏低，O_3 浓度夏季高、冬季低。

2）大气污染来源复杂，部分特大城市 $PM_{2.5}$ 污染机动车贡献大（图 3-9）。上海、杭州、重庆、成都等特大型城市移动源对 $PM_{2.5}$ 贡献最大，占 27%～29%。武汉、合肥等城市工业生产对 $PM_{2.5}$ 贡献最大，占 31%～32%。

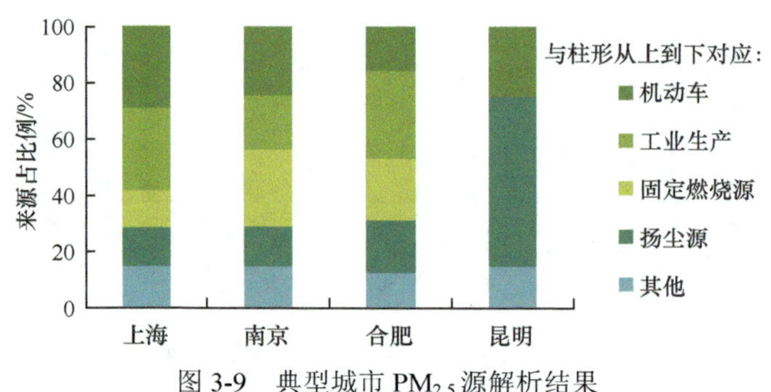

图 3-9　典型城市 $PM_{2.5}$ 源解析结果

3）长江下游地区热力供应能耗较大（图 3-10）。长三角地区热力供应能耗占评价区的 77%，其中煤炭占 93%。2006～2016 年，长三角地区热力供应能耗上升了 86%；其中江苏省热力供应能耗上升了 139%，供热煤炭上升了 159%（全国同期上升 72%）。

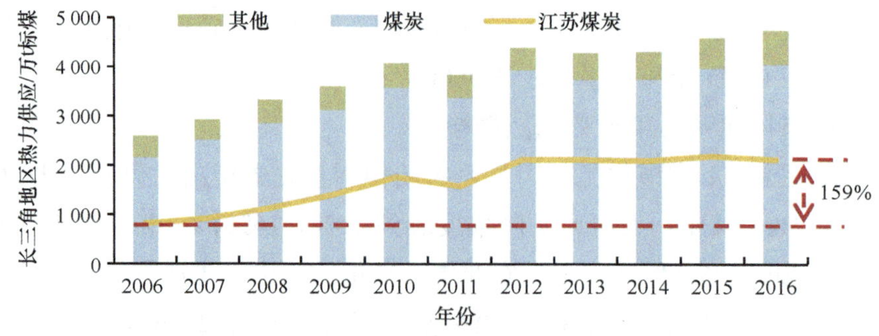

图 3-10　历年长三角地区热力供应变化情况

第四章　长江经济带生态环境空间管控战略

一、生态保护红线与重点生态功能区分析

（一）生态保护红线

生态保护红线是指在生态环境空间范围内具有特殊重要生态功能、必须强制性严格保护的区域，是保障和维护国家生态安全的底线和生命线，通常包括具有重要水源涵养、生物多样性维护、水土保持、防风固沙、海岸生态稳定等功能的生态功能重要区域，以及水土流失、土地沙化、石漠化、盐渍化等生态环境敏感脆弱区域。

本研究按照《生态环境保护红线划定指南》与《“三线一单”编制技术要求（试行）》要求，以长江经济带各省市“三线一单”编制相关成果为基础，结合水源涵养、生物多样性维护、水土保持等生态服务功能重要区域和水土流失、石漠化、沙化、地质灾害等生态敏感区域识别结果，通过将生态功能极重要区和生态环境极敏感区进行叠加合并，并将叠加结果与保护地进行校验，形成生态保护红线空间叠加范围，同时确保划定范围涵盖国家级、省级禁止开发区域及其他有必要严格保护的各类保护地。将确定的生态保护红线与各省市“三线一单”已有成果进行对比与衔接，最终确定长江经济带各省市生态保护红线范围。

1. 各省市生态保护红线识别

（1）江苏省

江苏省位于长江经济带下游的东部沿海地区，海拔较低、地势平缓，是我国长江中下游平原的重要组成部分，也是我国滩涂湿地分布最为集中的区域之一，在保护国际迁徙候鸟、保护长江珍稀濒危水生动物、保障长江流域和“南水北调”沿线生态安全等方面承担着重大使命。江苏省生态保护红线区域面积共计 22 839.58km^2，约占全省国土面积的 22.23%，其中一级管控区域面积为 3 108.43km^2，占全省国土面积的 3.03%；二级管控区域面积为 19 731.15km^2，占全省国土面积的 19.2%。

江苏省所有地级市中徐州、淮安、盐城与宿迁生态保护红线面积最高，生态红线总体为西部与南部丘陵地区分布较多，北部与东部的平原、沿海地区则分布相对较少。

（2）浙江省

浙江省位于长江经济带下游的东部沿海地区，林地覆盖率高，水资源与生物资源丰富，珍稀物种繁多，生态地位重要。浙江省生态保护红线是在生态功能敏感性与重要性的评估基础上，与现有保护区、规划、现状等进行衔接后获得的，生态保护红线面积共计 38 900.00km^2，约占全省国土面积的 26.25%。

浙江省生态保护红线基本格局呈“三区一带多点”。“三区”为浙西南山地丘陵生物多样性维护与水源涵养区、浙西北丘陵山地水源涵养和生物多样性维护区及浙江中部和东部丘陵水土保持和水源涵养区。“一带”为浙东近海生物多样性维护与海岸生态稳定带，主要生态功能为生物多样性维护。“多点”为部分省级以上禁止开发区域及其他保护地，具有水源涵养和生物多样性维护功能。

（3）上海市

上海市由于总体城市化水平较高，生态用地面积与所占比例都远低于长江经济带其他省市。以土地利用数据为基础，通过对生态系统服务功能重要性与敏感性评估，综合考虑维护生态完整性等要求，结合重要功能区状况，上海市生态保护红线面积共计 89.11km^2，约占全市总面积的 1.3%。

（4）安徽省

安徽省生态系统服务重要与极重要区面积共计 24 534.36km^2，生态环境敏感与极敏感区面积共计 20 011.3km^2。通过对 2 类区域的叠加分析，并与自然保护区、重要生态功能区、永久基本农田、城镇开发边界等进行衔接后，最终确定的安徽省生态保护红线面积为 21 233.33km^2，约占全省国土总面积的 15.15%。

安徽省生态保护红线空间格局主要由南部的皖南山地生态屏障、皖南山地丘陵生态屏障和长江干流及沿江湿地、淮河干流及沿淮湿地生态廊道构成。按照生态保护红线的主导生态功能可将安徽省生态保护红线划分为水源涵养、水土保持与生物多样性维护三大类。

（5）江西省

江西省是我国南方地区重要的生态屏障，也是重要的国家生态文明试验区。江西省生态保护红线划定面积为 46 876.00km^2，占全省国土面积比例为 28.06%。全省生态保护红线区按主导生态功能分为水源涵养、生物多样性维护和水土保持三大类，共 16 个片区。

江西省生态保护红线基本格局为“一湖五河三屏”。“一湖”为鄱阳湖（主要包括鄱阳湖、南矶山等自然保护区），主要生态功能是生物多样性维护；“五河”指赣抚信饶修（赣江、抚河、信江、饶河、修河）五河源头区及重要水域，主要生态功能是水源涵养；“三屏”为赣东—赣东北山地森林生态屏障（包括怀玉山、武夷山、雩山）、赣西—赣西北山地森林生态屏障（包括罗霄山、九岭山）和赣南山地森林生态屏障（包括南岭山地、九连山），主要生态功能是生物多样性维护和水源涵养。

（6）湖北省

湖北省生态保护红线总面积 41 500.00km^2，占全省国土面积的 22.30%，主要由 6 部分构成：鄂西南武陵山区生物多样性维护、水土保持生态保护红线，鄂西北秦巴山区生物多样性维护生态保护红线，鄂东南幕阜山区水源涵养生态保护红线，鄂东北大别山区水土保持生态保护红线，江汉平原湖泊湿地生态保护红线，鄂北岗地水土保持生态保护红线。

湖北省生态保护红线空间分布集中，主要分布于鄂西南武陵山区、鄂西北秦巴山区、鄂东南幕阜山区、鄂东北大别山区，以及东南部以江汉平原为主的重要湖泊湿地，另外在长江、汉江和清江干流的重要水域及岸线也有部分生态红线分布，基本格局呈现“四屏三江一区”的空间分布特征。

（7）湖南省

湖南省作为“东部沿海地区和中西部地区过渡带、长江开发经济带和沿海开发经济带的结合部”，是我国生物多样性关键地带、全国农产品重要供给区、长江中下游水生态安全保障区。湖南省生态保护红线划定面积为 42 800.00km^2，占全省国土面积的 20.23%。全省生态保护红线区按主导生态功能分为水源涵养、生物多样性维护和水土保持三大类。

全省生态保护红线格局为“一湖三山四水”。“一湖”为洞庭湖，主要生态功能为生物多样性维护、洪水调蓄。“三山”包括武陵—雪峰山脉生态屏障，主要生态功能为生物多样性维护与水土保持；罗霄—幕阜山脉生态屏障，主要生态功能为生物多样性维护、水源涵养和水土保持；南岭山脉生态屏障，主要生态功能为水源涵养和生物多样性维护，其中南岭山脉生态屏障是南方丘陵山地的重要组成部分。“四水”为湘资沅澧（湘江、资水、沅江、澧水）源头区及重要水域。

（8）四川省

四川省位于长江经济带上游，省内河流密布，林草覆盖水平高，珍稀动物与植物丰富，生态条件优良，是长江经济带重要的绿色生态屏障与上游水源涵养地。四川省生态保护红线总面积 148 033.20km^2，占全省面积的 30.45%，红线内主导生态系统服务功能包括水源涵养、生物多样性维护与水土保持。

四川省生态保护红线主要分布于川西高山高原、川西南山地和盆周山地，分布格局为“四轴九核”。“四轴”指大巴山、金沙江下游干热河谷、川东南山地及盆中丘陵区，呈带状分布；“九核”指若尔盖湿地（黄河源）、雅砻江源、大渡河源、大雪山、沙鲁里山、岷山、邛崃山、凉山—相岭、锦屏山，以水系、山系为骨架集中成片分布。

（9）重庆市

重庆市位于青藏高原与长江中下游平原过渡地区，是影响长江、三峡库区水环境安全的重要生态功能区，也是长江经济带上游地区水资源保护的重点区域，对长江流域乃至全国生态安全具有重要的作用。重庆市生态保护红线管控面积 20 400.00km^2，占全市国土面积的 24.82%，主要类型有 5 种，即水源涵养生态保护红线、生物多样性维护生态保护红线、水土保持生态保护红线、水土流失生态保护红线、石漠化生态保护红线。

重庆市生态保护红线空间分布特征整体为东高西低，其空间格局呈现“四屏三带多点”的特征。“四屏”是指主要分布在渝东南、渝东北及主城的大巴山、大娄山、华蓥山、武陵山“四山”地区，“三带”位于长江、嘉陵江与乌江，“多点”为市域范围内的自然保护区、森林公园与风景名胜区等各类保护地。

（10）贵州省

贵州省位于长江和珠江两大水系上游交错地带，是“两江”上游和西南地区的重要生态屏障，该地区水土流失与石漠化问题突出，是长江经济带与国家重要的水土保持和石漠化防治区。贵州省生态保护红线面积为 45 900.83km^2，占全省国土面积的 26.06%。生态保护红线主要类型有 5 种，即水源涵养生态保护红线、生物多样性维护生态保护红线、水土保持生态保护红线、水土流失生态保护红线、石漠化生态保护红线。

贵州省生态保护红线格局为“一区三带多点”。“一区”即武陵山—月亮山区，主要生态功能是生物多样性维护和水源涵养；“三带”即乌蒙山—苗岭、大娄山—赤水河中上游生态带和南盘江—红水河流域生态带，主要生态功能是水源涵养、水土保持和生物多样性维护；“多点”即各类点状分布的禁止开发区域和其他保护地。

（11）云南省

云南省位于长江经济带上游地区，植被覆盖度高，动植物资源丰富，自然条件优越，是我国乃至世界生物多样性保护的关键区域，对长江经济带与国家生态安全格局有着重要意义。云南省地处长江上游，有怒江、澜沧江、金沙江等多条河流流经，是长江经济带重要的水源涵养区。云南省同时也是我国水土流失与石漠化最严重的区域之一，也是重要的土壤保持区。云南省生态保护红线面积共 118 405.60km^2，占国土面积的 30.90%。生态保护红线主要类型有 3 种，为生物多样性维护、水源涵养与水土保持。

云南省生态保护红线基本格局呈“三屏两带”。“三屏”为青藏高原南缘滇西北高山峡谷生态屏障、哀牢山—无量山山地生态屏障、南部边境热带森林生态屏障；“两带”为金沙江、澜沧江、红河干热河谷地带，东南部喀斯特地带。

2. 小结

综合长江经济带各省生态保护红线识别结果，最终确定长江经济带生态保护红线空间分布，具体结果如表 4-1 所示。

表 4-1　长江经济带生态保护红线面积

地区	各省市生态保护红线面积/km^2	占各省市面积比例/%	占长江经济带生态保护红线总面积比例/%
江苏	22 839.58	22.23	4.180
浙江	38 900.00	26.25	7.110
上海	89.11	1.30	0.016
安徽	21 223.33	15.15	3.880
江西	46 876.00	28.06	8.570
湖北	41 500.00	22.30	7.590
湖南	42 800.00	20.23	7.820
四川	148 033.20	30.45	27.060
重庆	20 400.00	24.82	3.730
贵州	45 900.83	26.06	8.390
云南	118 405.60	30.90	21.650
长江经济带	546 967.65	26.68	—

由统计结果可知，长江经济带 11 省市生态保护红线面积共计 546 967.65km^2，约占 11 省市总面积的 26.68%。四川省与云南省生态保护红线面积最高，分别占长江经济带生态保护红线总面积的 27.060%和 21.650%。上海市由于城市建设面积占比较高，生态用地面积较少，全市仅有 1.30%的区域为陆域生态保护红线，为长江

经济带各省市中最低。长江经济带生态保护红线空间分布特征与生态环境极重要区及敏感区等空间分布有着较高的一致性，西部地区生态保护红线面积较大，占比较高，东部地区则面积相对较小，占比逐渐降低。

（二）重点生态功能区

本研究以《全国主体功能区规划》、各省市主体功能区规划及近年来国家划定与新增重点生态功能区资料为依据，对长江经济带国家重点生态功能区进行识别。长江经济带共涉及 8 个重点生态功能区，分别为若尔盖草原湿地生态功能区、南岭山地森林及生物多样性生态功能区、大别山水土保持生态功能区、桂黔滇喀斯特石漠化防治生态功能区、三峡库区水土保持生态功能区、川滇森林及生物多样性生态功能区、秦巴生物多样性生态功能区与武陵山区生物多样性与水土保持生态功能区（表 4-2），主导生态服务功能包括水源涵养、水土保持、石漠化防治、生物多样性保护四大类。

表 4-2　长江经济带国家重点生态功能区名录

区域	面积/km^2	范围
若尔盖草原湿地生态功能区	28 514.0	四川省：阿坝县、若尔盖县、红原县
南岭山地森林及生物多样性生态功能区	66 772.0	江西省：大余县、上犹县、崇义县、龙南县、全南县、定南县、安远县、寻乌县、井冈山市 湖南省：宜章县、临武县、宁远县、蓝山县、新田县、双牌县、桂东县、汝城县、嘉禾县、炎陵县
大别山水土保持生态功能区	31 213.0	安徽省：太湖县、岳西县、金寨县、霍山县、潜山市、石台县 湖北省：大悟县、麻城市、红安县、罗田县、英山县、孝昌县、浠水县
桂黔滇喀斯特石漠化防治生态功能区	76 286.3	贵州省：赫章县、威宁彝族回族苗族自治县、平塘县、罗甸县、望谟县、册亨县、关岭布依族苗族自治县、镇宁布依族苗族自治县、紫云苗族布依族自治县 云南省：西畴县、马关县、文山县、广南县、富宁县
三峡库区水土保持生态功能区	27 849.6	湖北省：巴东县、兴山县、秭归县、宜昌市夷陵区、长阳土家族自治县、五峰土家族自治县 重庆市：巫山县、奉节县、云阳县
川滇森林及生物多样性生态功能区	302 633.0	四川省：天全县、宝兴县、小金县、康定市、泸定县、丹巴县、雅江县、道孚县、稻城县、得荣县、盐源县、木里藏族自治县、汶川县、北川县、茂县、理县、平武县、九龙县、炉霍县、甘孜县、新龙县、德格县、白玉县、石渠县、色达县、理塘县、巴塘县、乡城县、马尔康县、壤塘县、金川县、黑水县、松潘县、九寨沟县 云南省：香格里拉县（不包括建塘镇）、玉龙纳西族自治县、福贡县、贡山独龙族怒族自治县、兰坪白族普米族自治县、维西傈僳族自治县、勐海县、勐腊县、德钦县、泸水市（不包括六库镇）、剑川县、金平苗族瑶族傣族自治县、屏边苗族自治县

续表

区域	面积/km^2	范围
秦巴生物多样性生态功能区	140 004.5	湖北省：竹溪县、竹山县、房县、丹江口市、神农架林区、郧西县、郧县、保康县、南漳县 重庆市：巫溪县、城口县 四川省：旺苍县、青川县、通江县、南江县、万源市
武陵山区生物多样性与水土保持生态功能区	65 571.0	湖北省：利川市、建始县、宣恩县、咸丰县、来凤县、鹤峰县 湖南省：慈利县、桑植县、泸溪县、凤凰县、花垣县、龙山县、永顺县、古丈县、保靖县、石门县、张家界市永定区、张家界市武陵源区、辰溪县、麻阳苗族自治县 重庆市：酉阳土家族苗族自治县、彭水苗族土家族自治县、秀山土家族苗族自治县、武隆县、石柱土家族自治县

1. 长江经济带国家重点生态功能区识别

依据长江经济带国家重点生态功能区识别结果对研究区各省市重点生态功能区分布状况进行识别。

（1）安徽省

安徽省省域范围内共涉及 1 个首批国家重点生态功能区，为大别山水土保持生态功能区。该区域分布于安徽省西南部地区，面积共计 13 032.1km^2，涉及太湖县、岳西县、金寨县、霍山县、潜山市、石台县 6 个县市。

截至 2016 年，新增 9 个重点生态功能市县，分别为黄山市黄山区、歙县、休宁县、黟县、祁门县、青阳县、泾县、绩溪县与旌德县，面积共计 14 412.3km^2。全省国家重点生态功能区面积共计 27 444.40km^2，约占全省国土面积的 19.59%。

（2）江西省

江西省省域范围内共涉及 1 个首批国家重点生态功能区，为南岭山地森林及生物多样性生态功能区。该区域分布于江西省南部地区，面积共计 12 254.2km^2，约占全省国土面积的 7.3%，涉及大余县、上犹县、崇义县、龙南县、全南县、定南县、安远县、寻乌县、井冈山市 9 个县市。

到 2016 年为止，新增 17 个重点生态功能市县，分别为浮梁县、莲花县、芦溪县、修水县、石城县、遂川县、万安县、安福县、永新县、靖安县、铜鼓县、黎川县、南丰县、宜黄县、资溪县、广昌县、婺源县，面积共计 35 484.11km^2。全省国家重点生态功能区面积共计 47 738.31km^2，约占全省国土面积的 28.60%。

（3）湖北省

湖北省省域范围内共涉及 4 个首批国家重点生态功能区，为秦巴生物多样性生态功能区、大别山水土保持生态功能区、三峡库区水土保持生态功能区与武陵山区生物多样性与水土保持生态功能区，面积分别为 31 656.6km^2、13 275.4km^2、14 451.8km^2、18 126.0km^2，共计 77 509.8km^2，约占全省国土面积的 41.75%。秦巴生物多样性生态功能区、三峡库区水土保持生态功能区与武陵山区生物多样性与水土保持生态功能区分布于湖北省西部山区，大别山水土保持生态功能区位于湖北省东部地区。

到 2016 年为止，新增 2 个重点生态功能市县，分别为通城县、通山县，面积共计 3 820.7km^2。全省国家重点生态功能区面积共计 81 330.50km^2，约占全省国土面积的 43.80%。

（4）湖南省

湖南省省域范围内共涉及 2 个首批国家重点生态功能区，为武陵山区生物多样性与水土保持生态功能区和南岭山地森林及生物多样性生态功能区，面积分别为 34 209.6km^2 与 14 551.8km^2，共计 48 761.4km^2，约占全省国土面积的 23.02%。武陵山区生物多样性与水土保持生态功能区位于湖南省西北部地区，涉及慈利县、桑植县、泸溪县、凤凰县、花垣县、龙山县、永顺县、古丈县、保靖县、石门县、张家界市永定区、张家界市武陵源区、辰溪县、麻阳苗族自治县 14 个区县；南岭山地森林及生物多样性生态功能区位于湖南省东南部地区，涉及宜章县、临武县、宁远县、蓝山县、新田县、双牌县、桂东县、汝城县、嘉禾县、炎陵县 10 个县。

到 2016 年为止，新增 19 个重点生态功能市县，分别为茶陵县、衡阳市南岳区、绥宁县、新宁县、城步苗族自治县、安化县、资兴市、东安县、江永县、江华瑶族自治县、洪江市、沅陵县、会同县、新晃侗族自治县、芷江侗族自治县、靖州苗族侗族自治县、通道侗族自治县、新化县、吉首市，面积共计 46 180.38km^2。全省国家重点生态功能区面积共计 94 941.78km^2，约占全省国土面积的 44.82%。

（5）四川省

四川省省域范围内共涉及 3 个首批国家重点生态功能区，为秦巴生物多样性生态功能区、若尔盖草原湿地生态功能区、川滇森林及生物多样性生态功能区，面积分别为 19 147.2km^2、27 061.3km^2、234 872.5km^2，共计 281 080.0km^2，约占全省国土面积的 57.84%。秦巴生物多样性生态功能区位于四川省东北部地区，涉及旺苍县、青川县、通江县、南江县、万源市；若尔盖草原湿地生态功能区位于四川省北部，涉及阿坝县、若尔盖县、红原县；川滇森林及生物多样性生态功能区位于四川省西部，范围包括天全县、宝兴县、小金县、康定市、泸定县、丹巴县、雅江县、道孚县、稻城县、得荣县、盐源县、木里藏族自治县、汶川县、北川县、茂县、理县、平武县、九龙县、炉霍县、甘孜县、新龙县、德格县、白玉县、石渠县、色达县、理塘县、巴塘县、乡城县、马尔康市、壤塘县、金川县、黑水县、松潘县、九寨沟县 34 个市县。

到 2016 年为止，新增 14 个重点生态功能市县，分别为沐川县、峨边彝族自治县、马边彝族自治县、石棉县、宁南县、普格县、布拖县、金阳县、昭觉县、喜德县、越西县、甘洛县、美姑县、雷波县，面积共计 46 180.38km^2。全省国家重点生态功能区面积共计 327 260.38km^2，约占全省国土面积的 67.34%。

（6）重庆市

重庆市市域范围内共涉及 3 个首批国家重点生态功能区，为秦巴生物多样性生态功能区、三峡库区水土保持生态功能区与武陵山区生物多样性与水土保持生态功能区，面积分别为 7 403.57km^2、10 722.40km^2、17 360.10km^2，共计 35 486.07km^2，约占全市国土面积的 43.06%。秦巴生物多样性生态功能区与三峡库区水土保持生态功能区位于重庆市东北部，武陵山区生物多样性与水土保持生态功能区位于重庆市东南部。

（7）贵州省

贵州省省域范围内共涉及 1 个首批国家重点生态功能区，为桂黔滇喀斯特石漠化防治生态功能区，面积 26 550.7km^2，约占全省国土面积的 15.07%。桂黔滇喀斯特石漠化防治生态功能区位于贵州省西部与西南部等石漠化敏感性较高的地区，涉及赫章县、威宁彝族回族苗族自治县、平塘县、罗甸县、望谟县、册亨县、关岭布依族苗族自治县、镇宁布依族苗族自治县、紫云苗族布依族自治县 9 个县。

截至 2016 年，新增 16 个重点生态功能市县，分别为赤水市、习水县、江口县、石阡县、印江土家族苗族自治县、沿河土家族自治县、黄平县、施秉县、锦屏县、剑河县、台江县、榕江县、从江县、雷山县、荔波县、三都水族自治县，面积共计 34 161.03km^2。全省国家重点生态功能区面积共计 60 711.73km^2，约占全省国土面积的 34.46%。

（8）云南省

云南省省域范围内共涉及 2 个首批国家重点生态功能区，为川滇森林及生物多样性生态功能区与桂黔滇喀斯特石漠化防治生态功能区，面积分别为 61 270.9km^2、20 934.2km^2，约占全省国土面积的 21.08%。川滇森林及生物多样性生态功能区主要分布于云南省北部与南部部分地区，桂黔滇喀斯特石漠化防治生态功能区主要分布于云南省东部与东南部石漠化问题较为突出的区县。

到2016年为止，新增21个重点生态功能市县，为昆明市东川区、巧家县、盐津县、大关县、永善县、绥江县、永胜县、宁蒗彝族自治县、景东彝族自治县、镇沅彝族哈尼族拉祜族自治县、孟连傣族拉祜族佤族自治县、西盟佤族自治县、双柏县、大姚县、永仁县、麻栗坡县、景洪市、永平县、漾濞彝族自治县、南涧彝族自治县、巍山彝族回族自治县，面积共计66 031.96km²。全省国家重点生态功能区面积共计148 237.06km²，约占全省国土面积的36.10%。

（9）浙江省

截至2016年，浙江省新增11个重点生态功能市县，为淳安县、文成县、泰顺县、磐安县、常山县、开化县、龙泉市、遂昌县、云和县、庆元县、景宁畲族自治县，面积共计22 440.10km²，约占全省国土面积的21.27%。

2. 小结

综合长江经济带各省市国家重点生态功能区识别结果可知，长江经济带国家重点生态功能区面积共计845 590.33km²，约占国土面积的41.21%，主要生态服务功能包括水源涵养、水土保持、石漠化防治与生物多样性保护4类，其中水源涵养生态功能区主要分布于上游地区，水土保持生态功能区主要分布于中下游地区。4类生态功能区中生物多样性保护生态功能区面积最多，为436 300.17km²，约占长江经济带重点生态功能区总面积的54.79%，该结果与长江经济带珍稀动植物种类与数量丰富、分布范围较广有着密切的关系。

长江经济带共有9省市有国家重点生态功能区分布，重点生态功能区总体呈现自西向东、由南向北面积逐步递减的空间分布趋势，其中四川省国家重点生态功能区面积最高（表4-3）。

表4-3　长江经济带国家重点生态功能区分布表

地区	生态功能区主导生态功能	生态功能区面积/km²	占所在区域国土面积比例/%
安徽	水土保持、水源涵养	27 444.40	19.59
江西	生物多样性保护、水源涵养	47 738.31	28.60
湖北	生物多样性保护、水土保持水源样	81 330.50	43.80
湖南	生物多样性保护、水土保持、水源涵养	94 941.78	44.82
四川	生物多样性保护、水源涵养、水土保持	327 260.38	67.34
重庆	生物多样性保护、水土保持	35 486.07	43.06
贵州	石漠化防治、水土保持、水源涵养	60 711.73	34.46

续表

地区	生态功能区主导生态功能	生态功能区面积/km²	占所在区域国土面积比例/%
云南	生物多样性保护、石漠化防治、水土保持	148 237.06	36.10
浙江	水源涵养	22 440.10	21.27
长江经济带	水源涵养、水土保持、石漠化防治、生物多样性保护	845 590.33	41.21

二、构建长江经济带生态安全格局

长江经济带在我国生态安全格局中的地位极其重要，是我国“两屏三带”生态安全格局的重要组成部分，具有水源涵养、水土保持、生物多样性保护等重要生态功能。通过对维护国家和区域生态安全具有重要作用的生态功能极重要区和生态环境极敏感脆弱区识别，建议构建以长江经济带“一干一口三湖多廊”为框架的生态安全格局，以稳固提升长江经济带的重要生态功能。

“一干”指长江干流以及沿岸自然岸线、湿地等区域，需要优化长江干流沿河地区水资源配置方案，提升长江干流水域纳污能力的动态评估管理，协调河道内外生态用水需求，保障长江干流安全健康。“一口”指长江口地区，需要重点保护长江口地区滩涂湿地，防止湿地退化，维护水环境质量，保护区域生物多样性，在长江中下游持续异常干旱、大通站流量在 1 万 m^3/s 以下时，应采取相应措施，增加上游来水量，减少抽江水量，缓解咸潮入侵影响。“三湖”指太湖、洞庭湖、鄱阳湖，应以太湖、洞庭湖、鄱阳湖为重点，统筹开展水环境综合整治，实施长江干支流水库群的综合生态优化调度，保障“三湖”生态需水量，满足河湖生态健康的需求。“多廊”指岷江、赤水、沱江、嘉陵江、乌江、汉江、雅砻江、湘江、沅江、赣江和清江主要支流，重点恢复沿河自然湿地、滩区等河岸线生态环境空间，恢复河流宽度和连通性。

三、生态保护红线管控战略

生态保护红线需执行最严格的生态环境保护措施，红线内禁止工业化和城镇化，需保持环境质量的自然本底状况，恢复和维护区域生态系统结构和功能的完整性，保持生态环境质量、生物多样性状况和珍稀物种的自然繁衍，保障未来可持续生存发展空间。

（一）严禁工业和城镇建设

以四川省、云南省等生态保护红线面积占比最高地区为管控重点，禁止红线区范围内的一切工业与城镇建设行为，对于已建的不合理的产业与项目，需按照《长江经济带发展负面清单指南（试行）》和国家级重点生态功能区产业准入负面清单及地方相关政策文件制定不合理产业活动的退出计划，并逐步退出红线范围。生态红线区原住民不得随意扩建居住地，政府可引导居民逐步有序搬迁，最大限度地减少人为活动影响。生态保护红线区原有或在建的水电、风电、太阳能等资源开发项目，以及交通、能源、通信、防洪、水利等基础设施和民生工程，应按照有关行政主管部门批复的项目选址和规模保留原有项目或续建在建项目，严禁擅自扩大规模。

（二）优化管理体制机制

重点推进浙江、湖北、湖南和云南 4 省国家公园体系建设，以上述 4 省为试点，对各级自然保护区、森林公园、湿地公园、风景名胜区、饮用水水源保护区等根据相关法律实行针对性的强制性保护措施，建立区域环境准入正面清单，确定能开展的生态保护与环境治理相关项目，并在全流域范围内推广相关经验。国家级风景名胜区需严格控制旅游规模，不得对景物、水体、植被及其他野生动植物资源等造成损害，国家森林公园不得随意占用、征用和转让林地，国家地质公园不得随意在其范围内采集标本和化石。

（三）落实红线区内生态补偿

持续推进生态保护补偿及考核评价机制，制定和落实科学的生态补偿制度和专项财政转移支付制度，将生态保护补偿机制建设工作纳入地方政府的绩效考核，探索编制自然资源资产负债表与考评体系，对领导干部实行自然资源资产离任审计，建立生态环境损害责任终身追究制。

四、重点生态功能区管控战略

重点生态功能区分为生态保护红线内重点生态功能区与非红线重点生态功能区。其中生态保护红线内重点生态功能区按照生态保护红线管控要求进行管控；非红线重点生态功能区按照限制开发区要求进行管控，在保护优先的前提下，合理选择发展方向，发展特色优势产业，加强生态环境保护和修复，加大生态环境监管力度，保护和恢复区域生态功能。

1. 水源涵养功能区

（1）提高水源涵养能力

以流域上游四川省若尔盖湿地生态功能区为重点，在水源涵养生态功能保护区内，以已有的生态保护和建设重大工程为依托，加强草原和湿地保护，严格控制草原非牧使用和湿地利用强度，有序开展生态恢复，加快推进退化草地、沙化土地治理和退牧还湿，加大鼠害和鼠荒地治理力度，遏制草原与湿地的退化。以贵州、湖南、湖北、江西、安徽、浙江各省新增重点水源涵养功能区为重点，强化功能区内水资源保护，将水资源保护作为功能区内重点工作之一，积极开展水资源节约相关工作。严格监管中游地区矿产、水资源开发，严肃查处毁林、破坏湿地等行为，所有工程活动需经充分论证且严格按照法律法规要求履行相关许可程序。以资源环境承载力作为依据，合理开发水电，控制草原放牧规模，防止一切可能导致区域内水源涵养能力下降的行为，努力提高区域水源涵养生态功能。

（2）加强水环境污染防治

水源涵养功能区内需严格控制水环境污染，禁止一切会导致水环境污染的产业的发展。以洞庭湖、鄱阳湖及四川府河、云南龙川江、湖北淘河与江苏苏州河等污染问题较为突出的河流及中下游地区新增的63处国家重点水源涵养功能区为重点，广泛开展水源污染防治工作。太湖流域以“水源涵养林–湖荡湿地–湖滨带–缓冲带–太湖湖体”为构架，实施综合治理与修复。禁止新建入河（湖）排污口，对已有的排污口进行集中管理。完善基础设施建设，保障污水收集与处理能力。禁止除生态护岸建设以外的河湖堤岸作业。组织开展长江经济带河湖生态调查、健康评估，加强洞庭湖、鄱阳湖、三峡水库等重点湖库生态安全体系建设。

（3）合理引导功能区内建设活动

在不破坏功能区主导生态功能的前提下，长江经济带各省市需严格按照《长江经济带发展负面清单指南（试行）》要求，合理选择与开展生态环境保护相关的人类活动。以资源环境承载力评价结果为引导，控制发展建设规模。可开展生态保护修护和环境治理活动，原住民正常生产生活设施建设、修缮和改造，符合国家与各省市法律法规的林业活动，国防、军事等特殊用途设施建设、修缮和改造，生态环境保护监测、公益性的自然资源监测或勘探，以及地质勘查活动，经过批准的考古调查发掘和文物保护活动，必要的河道、地方、岸线整治活动，防洪设施和洪水设施建设、修缮和改造活动。

2. 水土保持功能区

（1）加强地表植被保护

加强云南、贵州、四川、重庆、湖北等省市中上游地区的坡耕地水土流失治理，开展山地林草保护，功能区内禁止任何形式的毁林、开荒等破坏植被的行为，禁止任何形式的破坏土壤表层的行为，推进封山育林工作，重点营造水土保持林，推进植被恢复与重建。限制陡坡垦植，禁止在25°以上的陡坡开垦种植作物。建设沿江、沿河、环湖水资源保护带和生态隔离带，增强水源涵养和水土保持能力。

（2）开展小流域综合治理

以金沙江中下游、嘉陵江上游、乌江流域、三峡库区、丹江口库区、洞庭湖、鄱阳湖等区域为重点，实施小流域综合治理和崩岗治理，加快推进丹江口、三峡库区等重要水源保护区生态清洁小流域建设。巩固湖北、华南、重庆生态移民成果，加大水土保持综合防治，加强对能源与矿产资源开发建设的监管，严格开发活动的审批制度，加大矿山环境整治与生态修复投入，最大限度地减少人为活动引起的新的水土流失。

（3）稳步发展生态产业

以国家重点水土保持生态功能区与各省级重点水土保持功能区为重点，合理利用区域内林草资源，适度开展林下种植、养殖及森林游憩等非直接林木资源开发与利用。允许相关流域、区域的生态建设，加强水土保持、水源涵养林、人工湿地等项目建设。适度发展生态农业、旅游业，在不影响区域水土保持功能的前提下发展绿色食品加工、现代中药及生物医药加工、机械制造、林特产品加工等现代工业，积极拓宽农民增收渠道，解决农民的长远生计问题。

3. 生物多样性保护功能区

（1）严格生物多样性保护

严格禁止野生动植物滥捕滥采，保持野生动植物资源的有效保护和永续利用。加强生物安全防范意识，尽快制定生物安全相关法律法规。在宜昌、荆州、武汉和上海建设就地保护中心，对长江下游流域稀有、特有水生生物进行就地保护。在重庆、湖北、湖南等生物多样性保护功能区内分别建设长江上游、长江中游、长江下游鱼类活体库和标本库。在洪湖老湾故道、九江柘林湖、安庆西江等地新建大型长江江豚迁地保护区。在重点地区和重点水域建设外来物种监控中心和监控点，强化对外来物种入侵的防控能力，防治外来有害物种对生态系统的损害。积极推进天然林保护、生态公益林建设工程，加大生态保护力度，有效保护生物多样性，促进自然生态恢复。加强重要流域及湖泊的水域生态环境保护建设，开展水域生态修复，针对区域内珍稀野生动物特征，适度加大渔业资源人工增殖放流力度，设立禁渔区与禁渔期，对珍稀鱼类产卵期与产卵地进行保护。

（2）适度发展建设

在不损害功能区生物多样性保护功能的前提下，因地制宜地适度发展资源开采等产业，保持功能区内各县一定的经济增长速度和财政自给能力。利用功能区内丰富的动植物资源，合理发展旅游业，完善旅游基础设施和配套设施建设，提升旅游产业素质和带动能力，争取将旅游业打造成为区域重要的支柱产业。推广以生物多样性为基础的农林复合综合治理模式，在保护区域生态环境的同时发展绿色农业，补贴当地农民的生活收入。

4. 石漠化防治功能区

（1）实施岩溶地区石漠化综合防治

以贵州南部、西北部 9 县区与云南省东南部 5 县区为重点治理区域，针对区域内灌木林地、旱地和草地 3 类主要的石漠化发生地，采取封山育林、经济林建设和草地建设为主的治理模式，辅以防护林建设，配套相应的农田水利工程及畜牧业工程，实现对石漠化的综合治理。推进流域石漠化防治工程和小流域综合治理，对于喀斯特发育强烈、生态环境脆弱、山地生态系统出现退化、水土流失严重、石漠化有扩大趋势的区域，可考虑暂停生产活动，实施生态移民，以优先开展生态环境治理。改进耕作方式，推进农林结合综合治理，解决农民长远生计问题。加强岩溶地区石漠化生态环境监控，开展监测人员的专业培训，完善区域监测基础设施建设，建立区域石漠化生态环境监测的长效机制。

（2）严格管制各类开发活动

对长江中上游岩溶地区石漠化集中连片区分区实施重点治理，兼顾区域农业生产、草食畜牧业发展及精准脱贫，全面加强林草植被保护与建设。严格控制区域内的开发强度，逐步减少农村居民点占用空间，以腾出更多的空间用于特色农产品基地建设和保障生态系统的良性循环。城镇建设与工业开发需严格按照《长江经济带发展负面清单指南（试行）》要求，在资源环境承载力相对较强的城镇集中布局、据点式开发，并实行严格的行业准入条件，严把项目准入关。利用喀斯特地区独有的自然景观优势，发展旅游、休闲农业等产业，积极发展服务业，保障地区一定的经济增长速度和财政自给能力。

五、其他生态环境空间管控战略

（一）严格区域生态环境保护

推进天然林草保护、围栏封育，治理水土流失，恢复草原植被，保持湿地面积，保护珍稀动物，维护和重建湿地、森林、草原等生态系统。严格保护区域内具有水源涵养功能的自然植被，禁止过度放牧、无序开采与毁林开荒等行为，为长江源头水源涵养提供保障。对重要的流域及湖泊开展水域生态修复工作，加强长江经济带上游地区的生态治理，提升林草覆盖水平，减少面源污染。禁止对野生动植物进行滥捕滥采，加强防御外来物种入侵的能力，保护自然生态系统与重要物种栖息地。在不适宜人类居住、生产生活的生态脆弱区和需要保护的区域实施生态移民，生态移民选址要考虑生态承载力。

（二）控制开发强度

开展长江经济带各省市资源环境承载力评价工作，对于非红线重要生态环境空间内的城镇建设与工业开发要依托现有资源环境承载能力较强的区域集中布局、据点式开发，原则上不得再新建各类开发区和扩大现有工业开发区范围。依托资源环境承载力评价工作优化区域内产业结构，淘汰落后产能，对已有的工业区进行升级改造，逐步将区域内的工业区转变为低耗、循环、清洁的生态型工业。

（三）加强基础设施建设

完善其他生态环境空间范围的县城与中心镇基础配套，建设相应的道路、供排水、垃圾污水处理等基础设施。推广沼气、风能、太阳能、地热能等清洁能源，提高清洁能源使用比例，重点解决西部山区、高原地区农村的能源需求。加强公共服务体系建设，改善教育、医疗、文化等设施条件，提高公共服务供给能力与水平。

（四）完善机制建设

建立长江经济带各省市之间的生态补偿机制，加大财政转移支付力度，探索多种途径的生态补偿方式。推进实施生态保护补偿及监测考评机制，在生态系统服务功能十分重要的区域优先建立“天地一体化”的生态环境监管机制。

第五章　长江经济带城市群建设战略对策

一、生态环境承载力研究概述

（一）概念界定

承载力最初是物理学概念，指物体在不产生任何破坏时所能承受的最大负荷，随着人类社会被一系列环境、资源问题所困扰，人类学家和生物学家把“承载力”概念的内涵和外延扩大（鲁丰先，2009）。克兰西认为“生态承载力是生态系统抵抗外部干扰，维持原有生态结构和生态功能以及相对稳定性的能力”（Holling *et al.*，2002）。

随着社会的发展，生态环境承载力的概念愈加系统和完善，就是确定生态系统对人类活动的最大承受能力，所谓对人类活动的最大承受能力是指在不破坏生态系统服务功能的前提下，生态系统所能承受的人类活动的强度，具体是指单位土地面积可承载的人口经济规模，是一个区域环境质量好坏的重要基础，表征区域生态系统功能的自我维持和调节能力。区域生态环境承载力越强，可承载的经济活动和人口就越多；反之，生态环境承载力较低，且承载的经济规模和人口较多，则其环境质量必然较低；再者，如果几个区域的人口密度、经济密度相差无几，但它们的环境质量相差甚大，那必定是由于它们的生态环境承载力不同。从逻辑关系来看，某区域的“环境质量”水平，主要由其“生态环境承载力”“生态负载”（人口经济规模）所决定（钟茂初和孙坤鑫，2017）。

（二）相关理论

（1）区域生态经济学理论

区域生态经济学的产生是人类文明历史发展的必然选择。现代社会既要发展经济，又要保护环境。区域生态经济学就是解决经济发展与生态环境矛盾的科学，在使区域经济的发展建立在自然资源承载力和生态环境容量容许的范围内的同时，实现区域的可持续发展（刘薇，2009）。

区域生态经济综合评价是对区域生态经济系统发展的定量评估，有助于进行生态经济规划，实行可持续发展战略方针。其具体方法为首先根据科学性、系统性和完整性的原则建立合理的指标体系，然后建立一定的数学模型，计算出一系列的指标体系，对生态经济系统进行评价和检测，诊断生态经济系统的问题和不足之处，提出对策和建议，为政策、规划的制定出谋划策。

（2）生态足迹理论

生态足迹分析法由加拿大经济学家威廉姆斯于 1992 年提出并由其博士生瓦克纳格尔（Wackernagel）于 1996 年完善，包含一组基于土地面积的量化指标，其中最具代表性的是生态足迹："一只负载着人类与人类所创造的城市、工厂……的巨脚踏在地球上留下的脚印"（Rees，1996）。生态足迹这一形象化概念既反映了人类对地球环境的影响，也包含了可持续性机制。

从个体到城市、国家，任何个体或群体都要消费自然提供的产品和服务，所以都会对地球的生态系统产生影响，只要人类对自然生态系统的压力处于地球生态系统的承载力范围之内，地球的生态系统就是安全的，人类的经济社会的发展就处于可持续的范围之内，但如何判定人类是否生存于地球生态系统承载力的范围之内呢？生态足迹的概念就回答了此问题，它通过测定现今人类为了维持自身的生存而利用自然的量来评估人类对生态系统的影响。生态足迹的计算基于以下两个基本事实：①人类可以确定自身消费的绝大多数资源及其所产生的废弃物的数量；②这些资源和废弃物能转换成相应的生态生产面积（Wackernagel *et al.*，1997）。因此，任何已知特定范围的人口的生态足迹就是在当前技术水平之下，能维持供应其消费所需资源并吸纳其产生废弃物的各种生态系统类别的陆地和水域的总面积，即生态生产总面积。生态足迹测量了人类生存所必需的真实生态生产性土地面积，将其同国家和区域范围所能提供的生态生产性土地面积进行比较，就能为判断一个国家或区域的生产消费活动是否处于当地生态系统承载力范围之内提供定量的依据，从而评价研究对象的可持续发展状况。

（3）能值理论

20 世纪 80 年代后期，奥德姆在传统能量分析的基础上创立了一种新的研究方法。把系统中不同种类、不可比较的能量转化成同一标准的能值来进行衡量和分析，从而评价其在系统中的作用和地位，系统的能量流、物质流、货币流得到了综合的评价，从而总结概括出一系列反映系统结构、功能和效率的能值分析指标，系统的功能特征和生态、经济效益用一定的数据进行了量化，在生态系统、生态经济系统领域中能值分析基本理论方法框架得到了建立，然后在全球和区域生态经济格局展开了综合研究。

（三）生态环境承载力评价标准

生态环境承载力阈值是判断生态系统安全的基本指标，阈值可以是一个数值、一条分界线或一个区间，通常是由自然与社会系统中各种主要影响因素的阈值构成的集合。生态环境承载力阈值的确定是评价生态系统承载力的关键，它是判断生态系统是否被破坏的重要标准。

根据污染物浓度综合超标指数，将承载力评价结果划分为超载、临界超载和不超载三种类型。污染物浓度超标指数越小，表明区域环境系统对社会经济系统的支撑能力越强。对于综合承载力，当大气、水环境要素任意一项超载时，认为综合评价结果为超载；两项要素中有一项临界超载，另一项为不超载或临界超载时，认为综合评价结果为临界超载；仅当两项要素均不超载时，认为综合评价结果为不超载。

1. 净初级生产力估测法

净初级生产力（NPP）反映了某自然生态系统的恢复能力。一般情况下，特定区域的 NPP 是可测定的，且在中心位置上下波动，通过判断现状生态质量偏离中心位置的程度，与背景数据比较，以此作为自然系统生态承载力的阈值，可确定区域的开发类型和强度。国内，净初级生产力一般采用以下模型求得：

$$\mathrm{NPP} = \mathrm{APAR}\left(t\right) \cdot \varepsilon\left(t\right)$$

$$\mathrm{APAR} = \mathrm{FPAR} \cdot \mathrm{PAR}$$

式中，NPP 为植被的净第一性生产力[t/（$hm^2 \cdot a$）]；APAR 是指植物实际所吸收的光合有效辐射；ε 为植被将吸收的光合有效辐射转化为有机碳的效率；FPAR 为植物对光合有效辐射的吸收比例；PAR 为光合有效辐射。

2. 生态足迹分析法

生态足迹分析法定义生态足迹为生产人口所消费的所有资源和吸纳这些人口所产生的所有废弃物所需要的生物生产土地的总面积和水资源量。目前，生态足迹是衡量人类对自然资源利用程度及发展状况常用的一种评价方法，可有效评估人类活动对生态环境的影响，得到研究学者的肯定和采用。常用的生态足迹计算模型如下：

$$\mathrm{ef} = \sum_{i=1}^{n}\left(A_i \cdot r_i\right)$$

$$\mathrm{EF} = N \cdot \mathrm{ef}$$

式中，ef 为人均生态足迹；A_i 为 i 种物质人均占用的生态生产性土地面积；r_i 为均衡因子；i 为生态生产性土地类型；n 为物质的数量；EF 为生态足迹；N 为人数。生态承载力基于人均生态承载力，通过人口数量可构建如下计算模型：

$$\mathrm{ec} = \sum_{j-1}^{\delta}\left(a_j \cdot r_j \cdot y_j\right)$$

$$\mathrm{EC} = N \cdot \mathrm{ec}$$

式中，ec 为人均生态承载力；a_j 为实际人均占有的 j 类生物生产土地面积；r_j 为均衡因子；y_j 为产出因子；EC 为生态承载力；N 为人口数。生态承载力与生态足迹的差额可用以判断区域生产消费活动对自然生态系统的压力是否在其承载力范围之内，进而评价研究对象的可持续发展状况，其计算模型为：

$$\mathrm{ED}\ (\mathrm{ES}) = \mathrm{EC} - \mathrm{EF}$$

式中，ED 为生态赤字；EC 与 EF 之差为负，表明该生态系统处于超载；ES 为生态盈余；EC 与 EF 之差为正数，表明生态系统处于可承载状态。

3. 供需平衡法

供需平衡法是利用生态系统提供的资源量与当前发展模式下社会经济需求之间的差量关系来衡量生态承载力的方法，如果差值大于等于 0，表明研究区域的生态承载力处于可承载状态；该差值小于 0，表示研究区域的生态承载力处于超载状态。这种方法一定程度上能够对生态承载力进行有效分析和预测，是对生态承载力的一种有益探索，其计算模型如下：

$$A = \left(P_i - Q_i\right)/Q_i$$

$$B = \left(\mathrm{CBI}_i - \mathrm{CBQI}'_i\right)/\mathrm{CBQI}'_i$$

式中，P_i 为各种资源量；Q_i 为各种资源的需求量；CBI_i 为生态环境质量；CBQI'_i 为环境质量。

4. 综合指标评价法

综合指标评价法包含大量指标，综合区域经济社会发展与人口、资源、生态环境等相关因素，涵盖面广而全，对生态承载力研究具有重要意义。其定义为通过构建指标体系，根据指标间重要程度，对参数的绝对值或相对值加权求和，最终得到某一绝对或相对的综合参数来反映生态系统承载状况。高吉喜深入研究综合指标评价法，证实其具有可操作性；肖俞等进一步研究完善综合指标评价法，提出模型如下：

$$I_{\mathrm{ECP}} = \sum_{i=1}^{n} I_{\mathrm{ECP}_i} \cdot W_i$$

$$I_{\mathrm{ECE}} = \sum_{i=1}^{n} I_{\mathrm{ECE}_i} \cdot W_i$$

$$I_{\mathrm{ECL}} = \sum_{i=1}^{n} I_{\mathrm{ECE}} \cdot I_{\mathrm{ECP}}$$

式中，I_{ECP}为生态压力指数；I_{ECP_i}为生态压力指数第 i 类指标；I_{ECE}为生态弹力指数；I_{ECE_i}为生态弹力指数第 i 类指标；I_{ECL}为生态承载力水平；W_i为第 i 类指标的权重；n 为评价指标总数。$I_{\mathrm{ECL}} \geqslant 0$ 表明生态系统处于可承载状态，$I_{\mathrm{ECL}} < 0$ 表示生态系统处于超载状态。

5. 状态空间法

状态空间法是欧式几何空间用于定量描述系统状态的一种有效方法，通常由表示系统各要素状态向量的三维状态空间轴组成。利用状态空间法中的承载状态点，可表示一定时间尺度内区域的不同承载状况，可以定量地描述和测定区域承载力及其承载状态。近年来，状态空间法运用到社会、经济及人类活动等各个领域，为规划建设和环境保护提供科学依据。其计算模型如下式所示：

$$\mathrm{ECD} = \sqrt{\sum_{i=1}^{n} \left(W_i \cdot X_{ir}\right)^2}$$

式中，ECD 为承载力的大小；n 为指标个数；W_i为各指标的权重；X_{ir}为理想值和现状值经过某种运算得到的向量。每一个值都可以表示某一项指标所处的状态，具体为 $X_{ir} > 1$ 表示超载状态，$X_{ir} \leqslant 1$ 表示可承载状态。

二、生态环境与城镇化耦合分析概述

（一）概念界定

系统学、经济学、控制论、可持续发展论等不同学科对“协调”这一概念的理解有所差异。其中，系统学从系统和要素的角度出发，认为协调是系统内部各要素之间、系统与内部各要素、系统与系统之间为了产生某一特定功能而形成的相互作用关系，若这一关系使得整体功能大于局部，则称之为协调，否则为不协调（樊芷芸和黎松强，2004）。经济学基于系统学的认识，将协调定义为使得经济系统达到最优，各经济系统构成要素形成的一种均衡状态。控制论则将协调定义为一种为了实现特定目标而采取的控制过程（杨士弘，2003）。可持续发展论则认为协调是各系统之间形成的和谐共生、相互促进的关系，从而实现系统整体可持续发展的目标（刘耀彬，2007）。可见，这几种定义之间彼此相互交叉，而系统学关于协调的定义是后三者的基础。

发展是指某事物或系统在受到外界或者内部影响因素的作用下，为了维持有利于自身存在的状态，主动或被动地在结构上、级别上、秩序上产生一系列变化的过程。相对应的，若这一变化不利于自身存在，则称之为负发展，若没有发生变化则称之为不发展（杨士弘，2003）。

协调发展则是从协调及发展两者的基础上衍生而来的，是指系统与系统之间、系统与内部要素之间、系统内部各要素之间为促进系统整体的发展，维持有利于自身存在的状态，产生相互影响、相互作用的一种均衡状态。

（二）相关理论

关于城市社会经济发展与生态环境之间协调关系的相关理论，较为典型的有可持续发展理论、环境库兹涅茨曲线和“耦合与脱钩”理论。

1. 可持续发展理论

1978年，世界环境与发展委员会向联合国提出《我们共同的未来》报告，对可持续发展的内涵作了详尽的界定和理论阐述，将可持续发展定义为“既满足当代人的需求，又不对后代人满足其自身需求的能力构成危害的发展”，提出应致力于资源环境保护与经济社会发展兼顾的可持续发展之路。1994年，国务院环境保护委员会组织编制的《中国21世纪议程——中国21世纪人口、环境与发展白皮书》通过国务院常务会议审议，标志着中国正式开始实施可持续发展战略（卢虹虹，2012）。

可持续发展是正确处理经济发展与环境保护相互关系的共同发展战略，是社会经济发展的客观需要，也是人类求得生存与发展的唯一途径。可持续发展的核心是协调发展，而城市发展与生态环境的协调必定是城市发展可持续推进与生态环境可持续发展的有机结合才能得到实现。

2. 环境库兹涅茨曲线

20 世纪 90 年代，美国经济学家格罗斯曼（Grossman）和克鲁格（Krueger）首次利用库兹涅茨倒“U”形曲线逻辑，结合实际案例，提出了“环境库兹涅茨曲线”假设，并将其与城市化发展阶段曲线相结合，推理了城市化与生态环境交互作用的曲线（图 5-1）（Gene and Alan，1995）。1996 年，帕纳约托（Panayotou）以发达国家和欠发达国家的经济发展与环境质量的大量数据为支撑，进一步证实了环境库兹涅茨曲线的存在，并列出了不同收入阶段的环境质量特征（Berrens *et al.*，1997）。

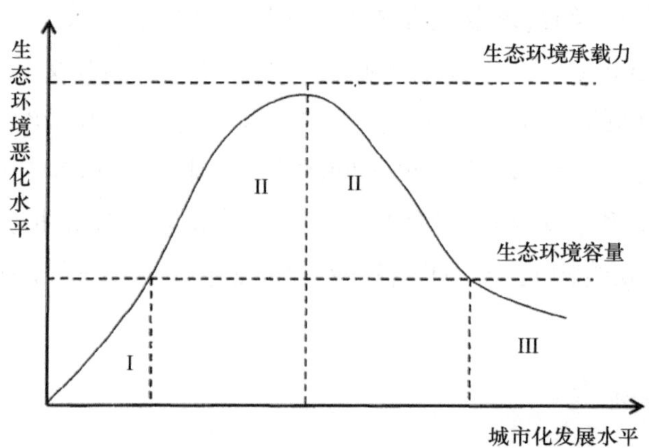

图 5-1　城市化发展与生态环境耦合作用的特征曲线

I 为初级阶段，II 为中期阶段，III为成熟阶段

城市发展与生态环境交互作用存在着显著的阶段特征，城市发展与生态环境构成的系统发展受人文社会发展和自然环境演进规律的双重制约。根据城市发展阶段的划分，以及生态环境的演化过程，总结城市发展与生态环境协调发展的过程和阶段性特征，如表 5-1 所示。

表 5-1　城市发展与生态环境协调关系的演变过程

发展阶段	城市发展特征	生态环境状况	城市发展与生态环境的关系
初级阶段	城市化水平较低，以农业生产为主，工业和第三产业比例偏低	农业生产带来的自然系统退化开始出现	城市发展对生态环境的影响力度不大
中期阶段	城市发展以工业化为动力，以资源型经济发展为典型	生态环境破坏日益严重，随后又逐步开始改善	城市发展对生态环境的影响呈现先恶化后改善的转变
成熟阶段	城市发展进入缓慢增长的稳定期，发展目标由速度转向质量，以生产性服务业和高端制造等高附加值产业发展为主	生态环境保护力度加大，资源和能源利用效率提高，污染物质得到有效控制，生态环境整体向好转变	城市发展与生态环境良性互动、协调发展

3. 耦合与脱钩理论

耦合（coupling）在《辞海》中的解释源于物理学概念，指两个（或两个以上）体系或者两种运动形式之间通过各种相互作用而彼此影响以致联合起来的现象，如通过磁场的作用使两个线圈之间的互感产生耦合。近年来，耦合一词已经被广泛引入城市化、经济、社会、土地与生态环境发展等的各个领域，或是研究任意两个以上子系统的相互作用关系现象中。目前，越来越多的学者开始关注城市化与生态环境的耦合，城市化子系统与环境要素的耦合关系，如水资源与经济社会耦合、土地利用与经济增长耦合、经济增长与生态环境耦合的研究等。

“脱钩”（decoupling）源于物理学领域的“解耦”，其含义与耦合相对应，强调两个或多个物理量间的作用关系不再存在。“脱钩理论”则源于经济合作与发展组织描述经济增长与资源消耗或环境污染之间的联系。目前，脱钩分析已被广泛应用于经济增长与资源、能源消耗和资源环境压力，经济增长与城市扩张速度、耕地占用、建设用地扩张，工业结构演变与环境效应，资源环境要素与经济增长、城市扩张的关系研究。

4. 相关研究综述

国外关于城市发展与生态环境关系的研究最初主要关注城市经济发展与生态环境的关系，包括格罗斯曼和克鲁格提出的环境库兹涅茨曲线，揭示了随着城市发展水平的提高，城市生态环境恶化水平呈现倒“U”形的演变规律（Gene and Alan，1995）；大卫·皮尔斯借助城市发展不同阶段伴生的环境问题，提出了城市阶段化发展下的环境对策模型（Kathleen *et al.*，1991），并总结了城市化发展与生态环境之间的阶段性特征，有针对性地提出了不同阶段生态环境的控制对策（Kenneth and David，1989）；诺格德提出了协调发展理论，即把经济发展过程视为不断适应环境变化的过程，通过反馈环可以实现社会与生态系统之间的协调发展等（Norgaard，1990）。

国内的相关研究起源于生态学家对城市和生态环境问题的关注，如生态学家马世骏于 1981 年提出以人类与环境关系为主导的社会–经济–自然复合生态系统思想（马世骏和王如松，1984），丰富了城市生态研究理论。此后，王如松（1988）提出城市成长与生态环境之间存在着反馈和限制性激励。杨士弘（1994）根据协同论的原理构建了经济–环境系统协调评价指标体系，并探讨了广州市的经济与环境协调发展的问题。廖重斌（1999）推导出协调度和协调发展度的计算模型，测度了珠江三角洲城市群的环境与经济协调发展状况，该模型此后得到广泛应用。21 世纪以来的研究进一步拓展到城市经济、社会、环境的各个方面，并针对国家、城市群、省、地区等不同尺度的范围开展研究。研究内容涵盖城镇化与生态环境的耦合关系（孙黄平等，2017；祁敖雪等，2018），社会–经济–环境的协调发展状况（陈妍和梅林，2018），人口与土地城镇化的时空耦合特征（吴一凡等，2018），以及经济–能源–环境–科技四元系统的协调发展格局（于洋等，2019）等多个方面。

（三）评价方法

关于城镇化发展与生态环境耦合协调度的相关研究大多采用耦合协调度模型进行测度。本研究也采用耦合协调度模型评价长江经济带地区社会经济系统与生态环境系统之间的耦合协调关系，具体计算方法如下所述。

首先，构建评价指标体系，分别计算城镇化发展与生态环境系统综合得分，采用熵值法确定指标权重，对数据进行标准化处理后，加权求和计算得分[式（5-1）]。

$$f(x) = \sum_{i=1}^{m} a_i x_i \tag{5-1}$$

$$g(y) = \sum_{j=1}^{m} b_j y_j \tag{5-2}$$

式中，$f(x)$ 代表城镇化系统综合得分；$g(y)$ 代表生态环境系统综合得分；x_1、x_2、…、x_m 为描述城镇化特征的 m 个指标；y_1、y_2、…、y_m 为描述生态环境特征的 m 个指标；a_i 和 b_j 为权重。

其次，采用协调度计算模型测度两个系统之间的协调情况。

$$C = \left\{ \frac{f(x) \cdot g(y)}{\left[\frac{f(x) \cdot g(y)}{2} \right]^2} \right\}^k \tag{5-3}$$

式中，C 代表城镇化系统与生态环境系统的协调度；k 为调节系数，本节取值 2。

最后，采用耦合协调度计算模型测度两个系统的协调发展程度。

$$T = \alpha f(x) \cdot \beta g(y) \tag{5-4}$$

$$D = \sqrt{C \cdot T} \tag{5-5}$$

式中，D 代表城镇化与生态环境的协调发展程度；T 代表城镇化与生态环境的整体效益（或发展水平）；α、β为待定权数。本书认为城镇化与生态环境同等重要，故α、β取值相同，均设定为 0.5。

三、全球和全国视野下的长江经济带城市群

（一）国际经验借鉴

1. 北美洲等通过构建城市群和都市连绵带增强区域国际竞争力

伴随世界经济全球化和区域一体化进程，北美洲、欧洲和亚洲太平洋地区正在构建具有世界影响力的城市群和都市连绵带，从而增强区域整体竞争实力。美国2050战略选择10个巨型城市区域，打造具有全球竞争力的区域。欧洲空间发展规划提出，要探索从“黄色香蕉带”向构筑“蓝色香蕉带”集聚发展，建设具有全球影响力的都市连绵区。

2. 重要江河沿岸形成城镇产业密集的流域经济区是各国发展规律

流域经济区的开发保护是世界各国的战略重点，许多国家的江河流域沿岸均是重要的城镇和产业密集带。长江作为全球内河货运量第一的黄金水道，人口和经济集聚潜力巨大。

密西西比河流域面积广阔，对美国的经济贡献突出。流域面积涵盖美国的31个州和加拿大的2个省，干支流各州生产总值约占美国的31%。目前美国人口超过10万人的150座城市中，有131座位于大江大河边，其中大部分分布在密西西比河水系。该流域孕育了多个美国乃至全球第一的城市。明尼阿波利斯是世界上最大的谷物现金交易市场，堪萨斯城是世界上最大的谷物和商品贸易市场之一，圣路易斯港口是美国最大和最繁忙的内河港口，匹兹堡是美国的造船中心、“钢都”和第二大机电工业中心，新奥尔良是美国第二大港口城市，圣路易斯汽车制造业居美国第二位（马静和邓宏兵，2016）。

莱茵河流域是欧洲的人口和经济集聚地，流经欧洲6个国家，生产总值占全欧洲的1/2，是德国水运物流经济的主要承载地。莱茵河段承担着德国80%以上的内河运输量。在莱茵河岸规划建设的50多个货运中心，推动了沿河产业的长足发展，孕育了欧洲工业“心脏”，是欧洲最大的工业中心。德国钢铁集团92家企业中有66家集中在莱茵河畔，其中鲁尔工业区生产的煤、生铁、钢分别占德国总量的90%、70%、60%，工业产值占40%。同时，该流域也形成了德国最大、最密集的城市带。杜伊斯堡、埃森、杜塞尔多夫、科隆、波恩、法兰克福、路德维希、曼海姆等著名

城市均分布在莱茵河沿岸（马静和邓宏兵，2016）。

多瑙河流域是世界上干流流经国家最多的河流流域，多瑙河是沿岸各国的运输大动脉。多瑙河是欧洲第二长河，沿岸有 100 多个码头，孕育了许多全球著名的城市，如布达佩斯（匈牙利首都）、贝尔格莱德（塞尔维亚最重要的工业中心和水、陆、空交通枢纽）、维也纳（奥地利首都）、布拉迪斯拉发（北欧与南欧之间的重要商道，斯洛伐克的政治、经济中心，多瑙河航线上最大的港口之一）、雷根斯堡（多瑙河上游最大的城市）。

（二）长江经济带在国家版图中的重要地位

长江经济带是我国人口和经济集聚的核心区域（表 5-2），也是我国重要的生态宝库和水资源富集地区，以 20%的国土面积承载超过 40%的人口和经济总量、46%的水资源总量（自改革开放以来，长江经济带的人口总量占全国比例下降，经济总量和对外贸易占全国比例提升，下游地区始终为集聚主体）。长江经济带横跨我国东中西三大区域，覆盖上海、江苏、浙江、安徽、江西、湖北、湖南、重庆、四川、云南、

表 5-2　长江经济带人口、经济、外贸的全国占比

长江经济带的常住人口数量及比例								
年份	长江经济带		上游		中游		下游	
	总量/万人	比例/%	总量/万人	比例/%	总量/万人	比例/%	总量/万人	比例/%
1980	44 809.6	45.61	15 769.66	16.05	13 235.65	13.47	15 804.29	16.08
2000	55 241	43.84	19 175	15.22	16 357	12.98	19 709	15.64
2018	59 873	42.87	19 873	14.23	17 464	12.51	22 536	16.14
长江经济带的 GDP 总量及比例								
年份	长江经济带		上游		中游		下游	
	总量/亿元	比例/%	总量/亿元	比例/%	总量/亿元	比例/%	总量/亿元	比例/%
1980	1 819.26	40.27	464.52	10.28	402.25	8.9	952.49	21.08
2000	40 228.24	40.76	8 760.31	8.88	9 099.95	9.22	22 367.98	22.66
2018	402 985.24	44.06	93 728.89	10.25	97 777.11	10.69	211 479.24	23.12
长江经济带的进出口贸易总额及比例								
年份	长江经济带		上游		中游		下游	
	总量/亿元	比例/%	总量/亿元	比例/%	总量/亿元	比例/%	总量/亿元	比例/%
1980	76.19	19.99	11.64	3.06	7.02	1.84	57.53	15.1
2000	1456.87	30.72	6803.84	1.43	7359.13	1.55	131523.84	27.73
2018	20291.74	43.89	206472.17	4.47	147567.19	3.19	1675135.07	36.23

贵州 11 省市，面积约 205 万 km^2，占全国的 21%左右，人口和生产总值均超过全国的 40%，是我国经济重心，区域水系以长江及其支流、湖泊为主，鄱阳湖、洞庭湖、太湖、巢湖等都属于该地区。2017 年，长江经济带水资源总量约为 13 300.7 亿 m^3，占全国的 46.2%。长江经济带是具有全球影响力的内河经济带、东中西互动合作的协调发展带、沿海沿江沿边全面推进的对内对外开放带，也是生态文明建设的先行示范带。

未来的长江经济带将以长三角城市群为龙头，以长江中游、成渝、滇中和黔中城市群为支点，从长江干流逐步辐射至腹地，率先实现东–中–西部地区的协调发展，成为国家版图中贯通中西、沟通南北的“桥梁”。

在“国民经济和社会发展第十三个五年规划”中描述了长江经济带所起的重要作用及其在全国经济发展中的重要地位，可参考其中的相关内容，如“2030 年国家城镇空间格局”和“全国‘19+2’城市群格局”等。

四、城市群发展格局与现状评价

1）总常住人口较多，城镇化水平高，下游城市群人口密集，城镇化水平高于上游城市群。

长江经济带分布较多的常住人口，主要集中在三大城市群。长江经济带 80%以上的城市常住人口超过 200 万人，长江三角洲、长江中游、成渝城市群常住人口分布较多，滇中、黔中城市群常住人口分布较少，仅中心城市等少数几个城市人口超过 500 万人。

长江经济带城镇化水平较高，均达到 40%以上，但东西部城市还存在一定的差异性，在空间上“自东向西”逐步递减。其中，上海市城镇化水平最高、发展最快，已达到 85%以上。江苏省、浙江省、重庆市、湖北省、江西省、湖南省、安徽省城镇化水平次之，为 50%～70%，四川省、云南省、贵州省城镇化水平相对较低（图 5-2）。

从人口流动来看，长三角城市群吸引力较强，有大量外来人口流入，滇中城市群次之，有少量人口流入，长江中游、黔中城市群吸引力较弱，人口都外流。其中，上海吸引力最强，流入人口超过 980 万人，浙江、江苏吸引力次之，云南有少量人口流入，湖南有少量人口流出，其余中西部省份人口都大量外流，尤其是四川省、安徽省、贵州省最为严重，外流人口都达到 780 万人以上（图 5-3）。

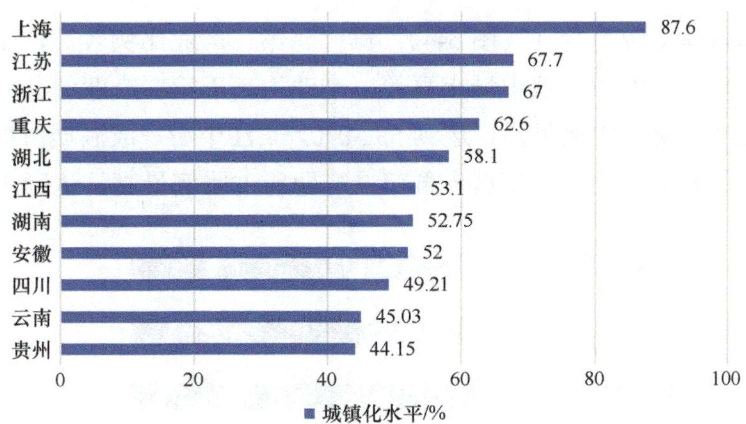

图 5-2　长江经济带各省市城镇化水平分析

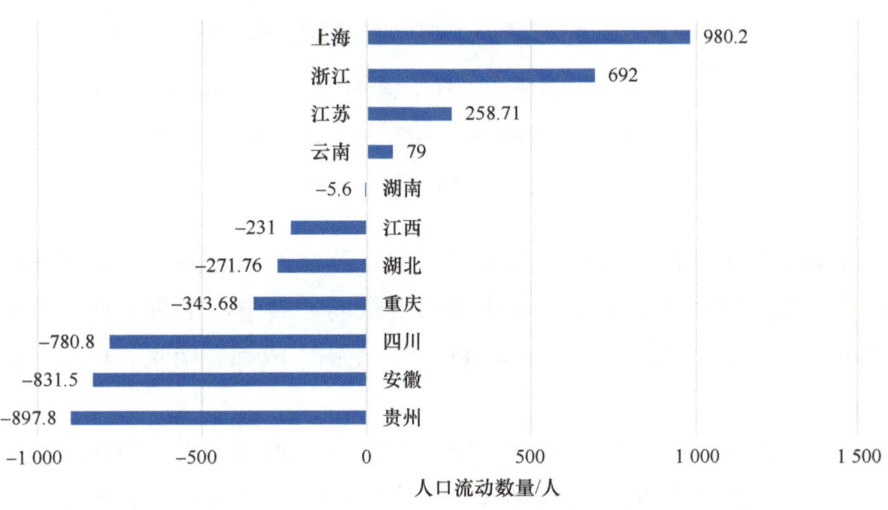

图 5-3　长江经济带各省市人口流动分析

2）产业发展总体上集约高效、结构合理，下游城市群创新能力强。长江经济带产业经济格局总体上表现为空间集约高效、产业结构合理、东部城市经济发展水平高于西部城市，其中，长三角城市群城市地区人均生产总值、创新发展能力均远高于其他城市群。

长三角城市群人均 GDP 和地区 GDP 最高，发展质量最好，长江中游、成渝城市群次之，滇中、黔中城市群经济发展质量仍有较大提升空间。其中，上海地区 GDP 最高，达到 28 178 亿元，重庆次之，达到 17 740 亿元，苏州、成都、武汉、杭州、南京均超过 10 000 亿元。人均 GDP 苏州最高，达到 145 556 元，无锡次之，达到 141 258 元，南京、杭州、长沙、常州、镇江均超过 120 000 元。

产业结构总体上较为合理（图 5-4），第二、第三产业比例较高，第一产业比例较低。长江三角洲、黔中、滇中城市群第三产业均高于第二产业，其中，长江三角洲城市群第三产业所占比例最高，达到 53.30%。长江中游、成渝城市群第二产业微高于第三产业，其中，长江中游城市群第二产业所占比例最高，达到 48.41%。

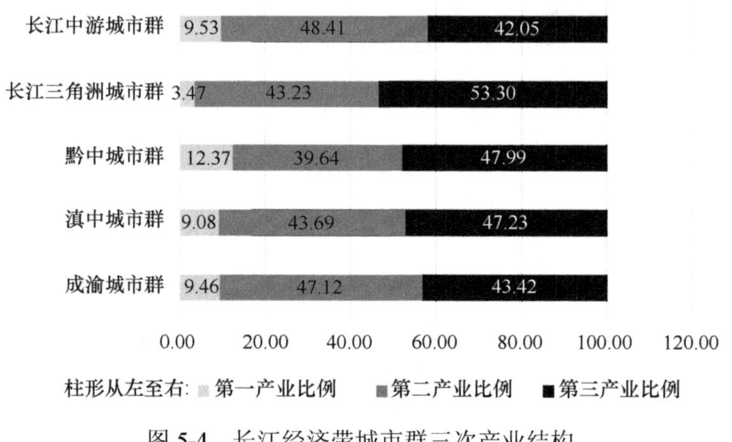

图 5-4 长江经济带城市群三次产业结构

长三角城市群创新能力最强，尤其是上海、苏州创新能力远高于其他城市。成渝、长江中游城市群次之，黔中、滇中城市群最弱。其中，上海累计专利数最高，达到 142 691 个，苏州次之，达到 138 206 个，无锡、成都、南京、杭州、重庆均为 25 000～50 000 个。

3）整体人居环境质量较好，中下游城市群优于上游城市群。长江经济带整体环境质量较好，东部城市绿地覆盖率和人均公园面积较西部城市相对较高。滇中、黔中城市群的环境质量最高，中心城区空气质量优良以上天数超过 95%（表 5-3）。成渝、长江三角洲、长江中游城市群中心城区环境质量有待提高。长江三角洲、长江中游、成渝城市群绿地覆盖率和人均公园面积相对较高，滇中、黔中城市群相对最低。

表 5-3 长江经济带城市群中心城市空气质量优良以上天数占比

城市群名称	中心城市空气质量优良以上天数比例/%
滇中城市群	99.18
黔中城市群	95.89
长江中游城市群	74.98
长江三角洲城市群	71.37
成渝城市群	68.90

4）中下游城市群交通便利，上游城市群可达性有待提升。长江经济带中东部城市的交通水平高于西部城市，建成区道路密度和人均道路面积相比于西部城市群要高很多。长江三角洲、长江中游城市群建成区建筑密度、人均道路面积相对较高，长江中游、成渝城市群次之，滇中、黔中城市群交通发展仍有较大提升空间。

5）中下游城市群联系密切，上游城市群仍存在协同壁垒。在空间上，长江经济带东西部城市群差异较为明显，东部城市群的一体化程度相对高于西部，东部城市群内部各城市之间联系紧密、要素往来频繁，而西部城市群内部缺乏联系，区域协同的壁垒和障碍较深。城市群内部人口联系表现为长江三角洲、成渝城市群城市内部人口流动频繁，人口联系强度远高于其他城市群。长江中游人口流动次之，滇中、黔中城市群人口流动最低。城市群内部经济联系表现为长江三角洲城市群经济联系频繁，联系强度远高于其他城市群，内部的经济联系规模大、强度高、共建园区数量较多（图 5-5、图 5-6）。长江中游、成渝城市群联系强度次之，滇中、黔中城市群

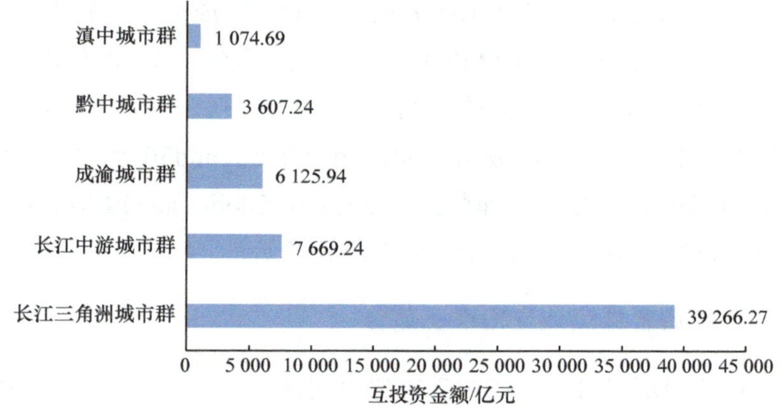

图 5-5　长江经济带城市群内部城市间互投资金额

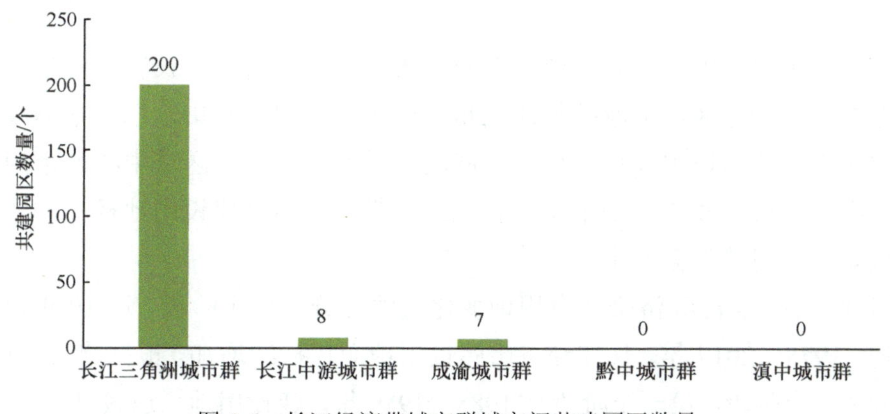

图 5-6　长江经济带城市群城市间共建园区数量

联系强度最低。长江经济带城市间交通联系表现为长江三角洲城市群与长江中游城市群的城市交通联系最强，形成“网格状”联系的空间格局，成渝、黔中、滇中城市群城市间交通联系相对较弱。城市群内部交通联系表现为长三角、长江中游城市群内部交通联系强度较强，成渝城市群次之，黔中、滇中城市群内部交通联系相对较差。

五、城市群发展与生态环境变化耦合分析

（一）长江经济带国土开发总体格局

长江经济带城镇空间与生态环境空间演化趋势分析采用清华大学宫鹏老师团队解译的 GlobeLand30 遥感数据进行分析。GlobeLand30 是国家“863 计划”重点项目“全球地表覆盖遥感制图与关键技术研究项目”的研究成果，是全球首套 30m 分辨率全球地表覆盖产品，以 Landsat TM/ETM 为主要数据源，以多源化遥感卫星影像进行地表覆盖数据的提取，具有更高的空间分辨率和精度。研究中主要采用了 40 年（1978～2017 年）不透水面变化数据、2010 年 GlobeLand30 地表覆盖解译数据、2015 年 GlobeLand30 地表覆盖解译数据和 2017 年 GlobeLand30 地表覆盖解译数据分析长江经济带城镇空间和生态环境空间的演化趋势。

1. 长江经济带城市群城镇空间演化趋势

通过分析长江经济带 1978～2017 年建设用地演化趋势和 2010～2017 年建设用地与其他用地类型的转换关系，探究长江经济带城镇建设空间的变化规律和变化趋势。

长江经济带建设用地分布呈现“东密西疏”的空间格局。长江经济带建设用地主要分布在中下游地区，下游的长江三角洲地区建设用地密集，已基本形成都市连绵区；中游地区的建设用地集中分布于武汉、长沙、南昌等区域中心城市周围，形成以区域中心城市为核心的都市圈；长江经济带上游地区建设用地稀疏，主要集中分布在贵阳、昆明等省会城市。

从时间上看，长江经济带建设用地变化大致可分为三个阶段，近 10 年建设用地增长迅速。1978～2017 年，长江经济带建设用地面积持续增加，根据建设用地增量，可大致分为三个阶段，第一个阶段是 1985～1989 年，建设用地增速较高，但 1989 年

左右建设用地增量由高位迅速降低；第二个阶段是 1990～2009 年，建设用地增量平稳上升，并在 2009 年左右基本回升至第一阶段建设用地增加的水平；第三个阶段是 2010～2017 年，建设用地增量迅速提高，并在高值区波动（图 5-7）。

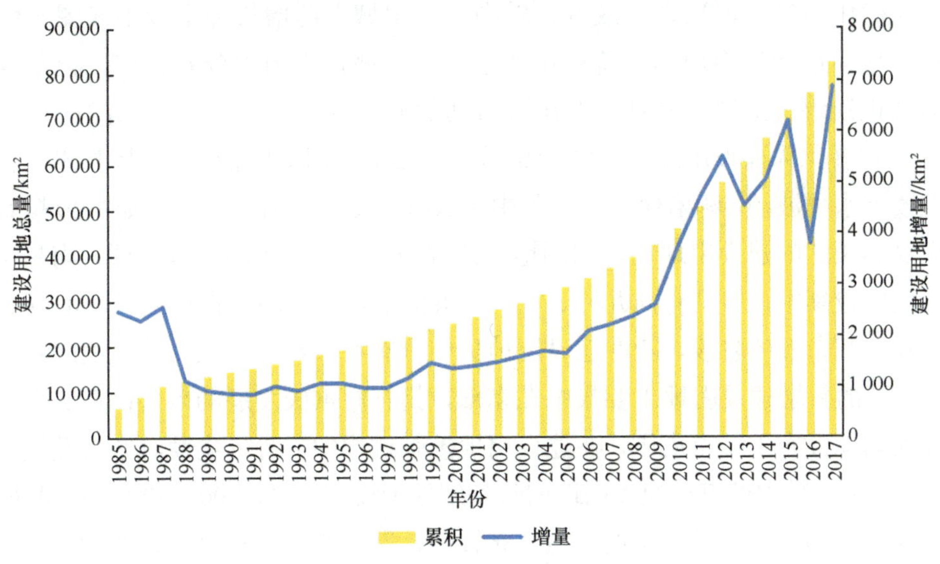

图 5-7　长江经济带建设用地变化

从空间上看，长江经济带新增建设用地主要集中在长江沿岸，长江城市空间布局的限制已逐渐被突破。2017 年，56.8%的建设用地分布在长江沿岸 150km 范围内；1978～2017 年，每年长江沿岸 150km 范围内新增建设用地占长江经济带整体新增建设用地的比例均达到 45%以上，平均为 56.4%（图 5-8）。重庆、武汉、南京等沿江

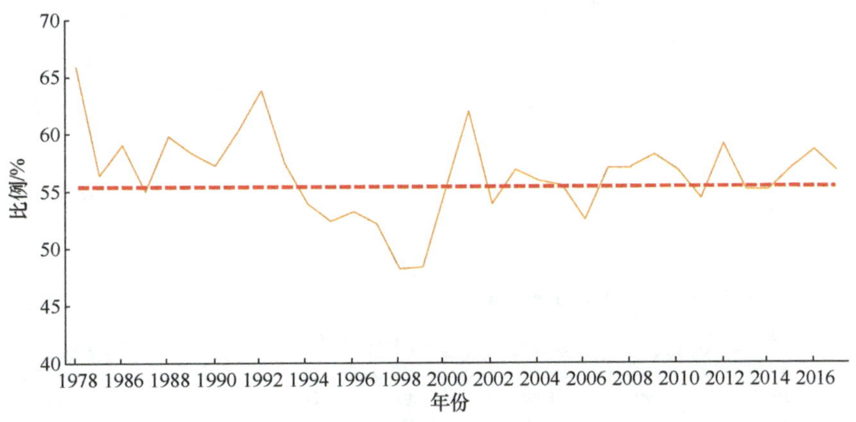

图 5-8　长江沿岸新增建设用地占长江经济带新增建设用地的比例

大城市的建设用地集中于长江一侧，但近年长江对城市空间发展的制约已逐渐被突破，大量新增建设用地分布在长江对侧。

长江经济带建设用地增长主要集中在下游城市群，长江三角洲城市群增长幅度较大，长江中游城市群次之，成渝、黔中、滇中城市群增长幅度较小（图 5-9）。长江三角洲城市群建设用地面积持续快速增长，新增建设用地分布较广，已从大都市周边向都市连绵区扩散，主要集中在城市间的联系通道上，上海市周围的城市密集地区已基本转化为建设用地。长江中游城市群 2009 年以来建设用地增长迅速，2012 年起在较高水平波动，新增建设用地集中于武汉、长沙、南昌三大区域中心城市周围，其中武汉和长沙的建设用地已与周围地区连绵成片，形成了两大都市圈，南昌市的建设用地仍比较集中，但具有向九江、宜春发展的趋势。成渝城市群两大核心城市仍处于各自发展都市圈的阶段，新增建设用地集中分布在成都和重庆，其他地区建设用地较少，成都的新增建设用地主要集中在东部，具有向重庆发展的趋势；重庆新增建设用地较均匀地分布于城市周围，在建设用地扩张过程中，新区建设对城市发展具有明显的拉动作用。黔中城市群建设用地增长长期处于较低水平，2009～2011 年迅速上升，此后在高值波动，城市群内建设用地分布较散，集中连片的建设用地面积较小，常呈现狭长的形态，与所处地区的山地地貌有关，建设用地集中分布在贵阳市和遵义市，遵义市建设用地增长较多，并逐渐向贵阳市方向发展。滇中城市群新增建设用地主要集中在省会昆明，环滇池地区新增建设用地较多，并沿交通走廊向玉溪和曲靖发展。

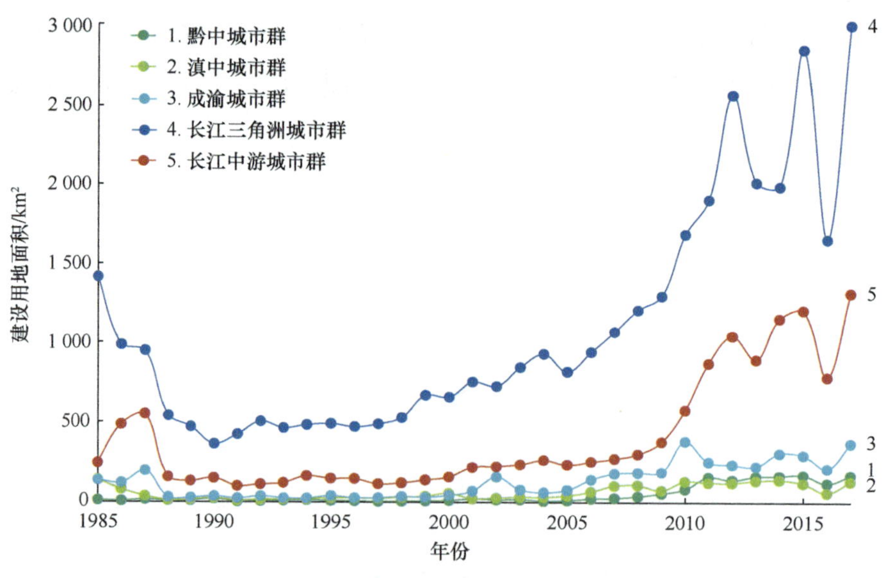

图 5-9　长江经济带城市群建设用地变化规律

长江经济带新增建设用地主要侵占了农田，其次为水体和林地，上游地区侵占林地的现象较为严重，下游地区侵占水体的现象较为严重。长江经济带 1/3 的新增建设用地由农田转化而来，9%的新增建设用地侵占了水体，7%的新增建设用地侵占了林地。中下游城市群新增建设用地侵占水体较多，长江三角洲城市群 17%的新增建设用地侵占了水体，主要分布在苏州、无锡和常州；上游城市群新增建设用地侵占林地较多，黔中城市群 13%的新增建设用地侵占了林地。

2. 生态环境空间演化趋势

长江经济带地表覆盖类型以林地为主，其次为农田和草地（图 5-10），2015～2017 年建设用地和农田增长较多，林地和草地减少较快。2010～2017 年，林地均占长江经济带地表覆盖的 2/5 以上，农田均占长江经济带地表覆盖的 1/5 以上。2015～2017 年，林地所占比例由 58.5%下降至 53.4%，减少了 5.1 个百分点；草地所占比例由 16.0%下降至 13.3%，减少了 2.7 个百分点；农田所占比例由 20.4%上升至 25.4%，增加了 5 个百分点；建设用地所占比例由 1.7%上升至 4.0%，增加了 2.3 个百分点；水体和湿地所占比例较为稳定，分别增长了 0.2 个百分点。

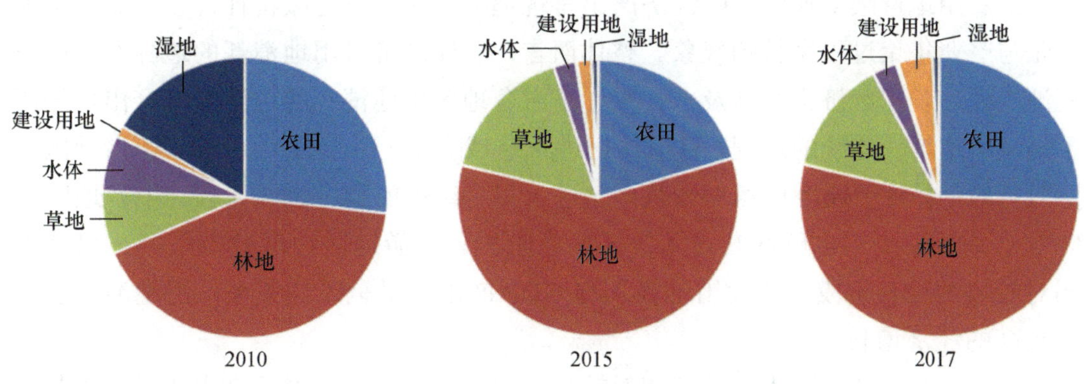

图 5-10　2010 年、2015 年、2017 年长江经济带地表覆盖类型比例

长江经济带水体被侵占的现象较为普遍，主要被林地及农田侵占，中下游城市群水体侵占现象比上游城市群严重（图 5-11）。2010～2017 年，水体减少了 62 081km^2，其中 57.9%转换为林地，25.0%转换为农田。长江中游城市群水体侵占现象最严重，减少的水体 50.4%转换为农田，42.3%转换为林地。黔中城市群水体侵占现象较为严重，减少的水体 88.8%转换为林地。长江三角洲城市群减少的水体 45.8%转换为农田，29.5%转换为建设用地。

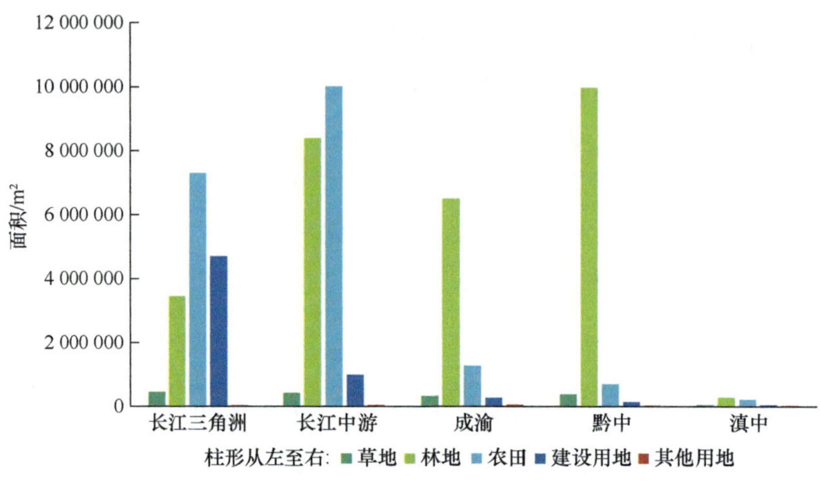

图 5-11　长江经济带城市群侵占水体情况

（二）经济与人口增长的边际效益分析

1. 经济增长与用地消耗

随着用地持续消耗，边际经济产出呈现递减—递增—递减特征，显示城市土地扩张与产业集聚过程交替的现象。整体而言，长江经济带用地消耗的边际经济产出逐渐趋缓，长江经济带整体及上、中、下游各地区用地消耗的边际经济产出均经历了递减—递增—递减的过程，目前均已进入递减阶段（图 5-12）。其中，下游地区边际效益最低，减缓速度也相对较快，已进入相对缓慢的稳定增长阶段。中游地区边际效益减缓最快，也已逐渐迈入缓慢增长阶段。上游地区边际效益最高，仍处于相对较快的增长阶段，建设用地投入与 GDP 产出近乎呈线性关系，用地消耗仍带来较高的经济增长。

此外，城市群地区用地效率相对较高，用地消耗的边际经济产出明显高于其他地区，表明城市群战略的实施有利于集约发展。上游地区的用地效率：成渝＞黔中＞滇中＞上游整体；中游地区的用地效率：长江中游＞中游整体；下游地区的用地效率：长三角＞下游整体（图 5-13）。

2. 人口增长与用地消耗

随着用地持续消耗，城镇人口增长速度大致经历了先增后减的阶段，近年已逐渐趋缓，表明近些年土地城镇化快于人口城镇化。整体而言，长江经济带用地消耗

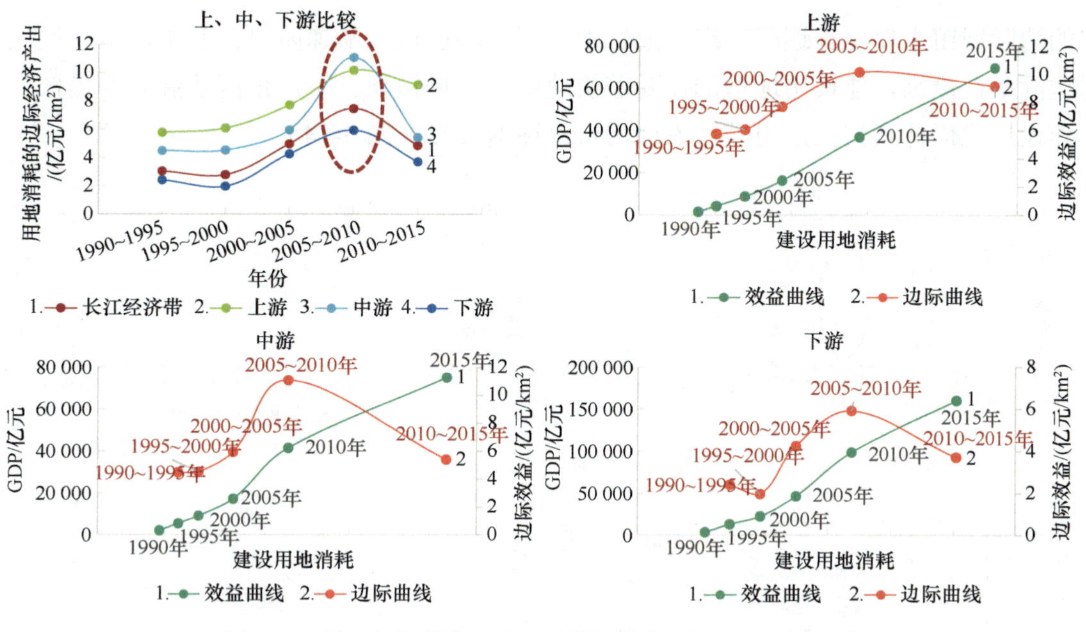

图 5-12　长江经济带上、中、下游经济增长与用地消耗关系

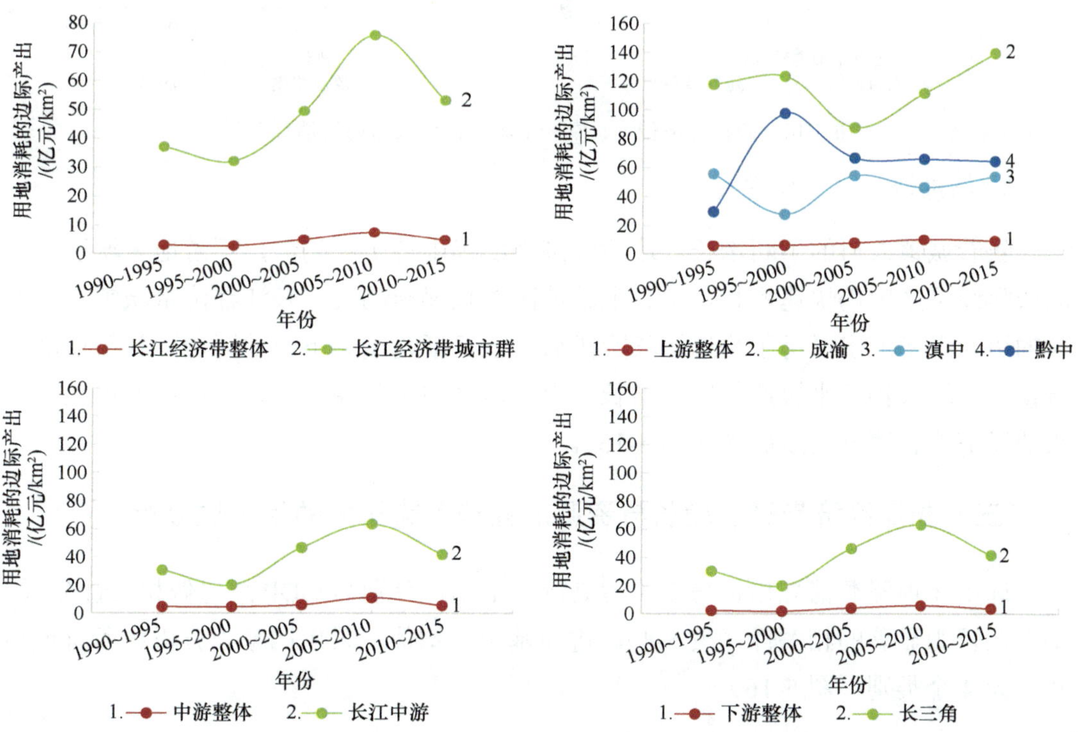

图 5-13　长江经济带各城市群经济增长与用地消耗关系

的边际城镇人口增长逐渐趋缓，上、中、下游均已进入减速阶段。其中，上游地区边际效益最高，建设用地增加伴随着快速的人口城镇化。下游地区边际效益最低，建设用地仍持续扩张，但城镇人口增长已逐渐缓慢（图 5-14）。

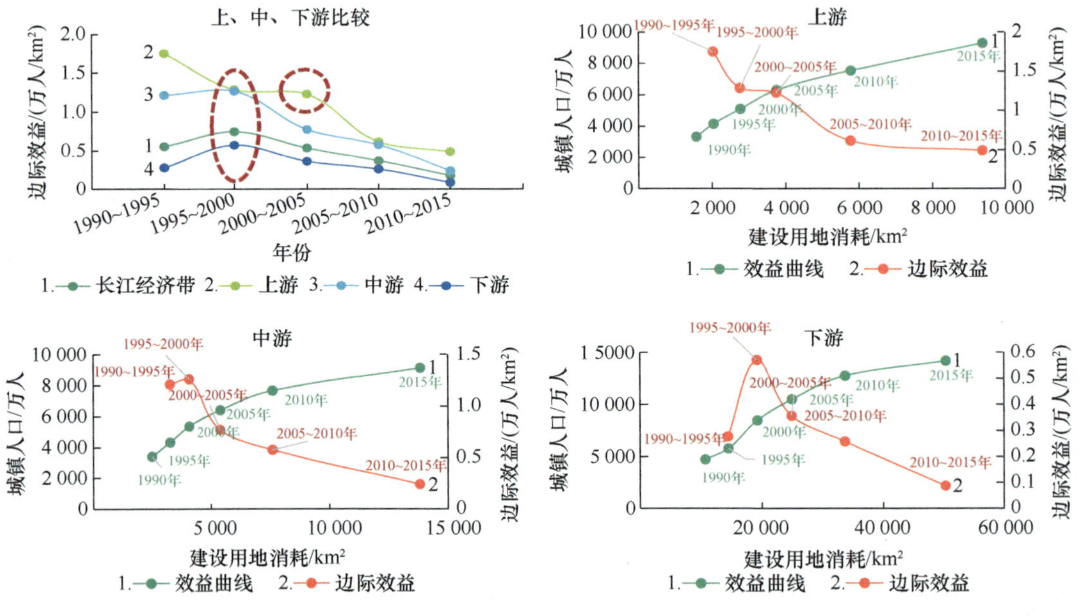

图 5-14 长江经济带上、中、下游人口增长与用地消耗关系

3. 经济增长与人口增长

随着城镇人口的不断增长，边际经济产出仍维持上涨趋势，下游地区城镇人口的边际经济产出仍快速增长，中、上游地区增长逐渐趋缓。长江经济带城镇人口增长的边际经济产出经历了快速增长阶段后，已逐渐趋缓。下游地区边际效益最高，城镇人口增长仍带来快速的经济增长。上游地区边际效益最低，人口向城镇集聚带来的经济增长速度逐渐放缓（图 5-15）。

（三）长江经济带经济增长与资源消耗和污染排放的相关性分析

选用 3 项资源消耗指标与 3 项污染排放指标，分别与 GDP 总量做相关性分析，均存在较为显著的相关性（表 5-4）。进而基于平均值，采用四象限分析将所有城市划分为 4 个类别（图 5-16）。

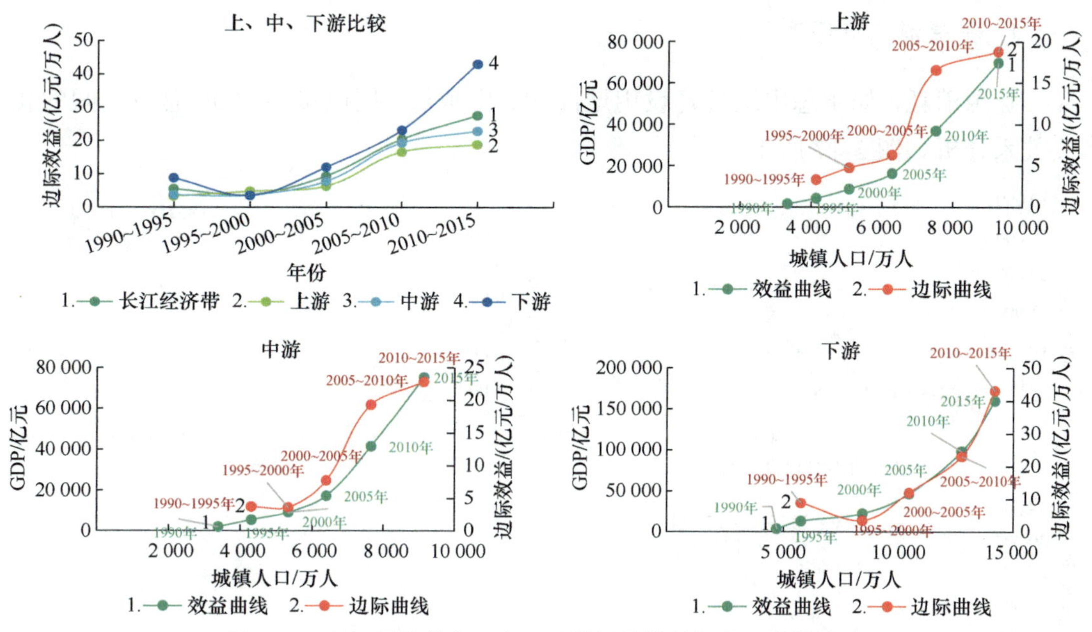

图 5-15 长江经济带上、中、下游经济增长与人口增长关系

表 5-4 GDP 与资源环境指标相关性分析

指标	相关系数
用地量	0.708**
用水量	0.940**
用电量	0.959**
工业废水排放	0.823**
工业二氧化硫排放	0.509**
工业烟（粉）尘排放	0.499**

**表示指标与 GDP 有显著的相关性

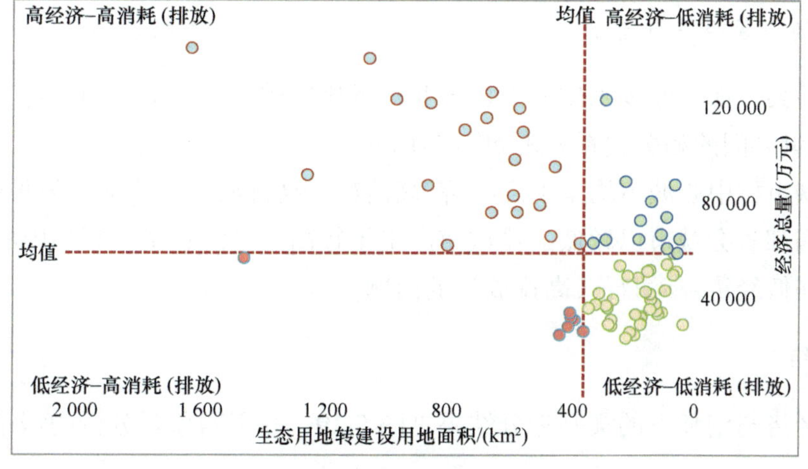

图 5-16 四象限分析示意图

1. 资源消耗与经济总量

资源消耗，如生态用地转建设用地面积、用水量、用电量与 GDP 总量之间的相关关系分析如图 5-17 所示。

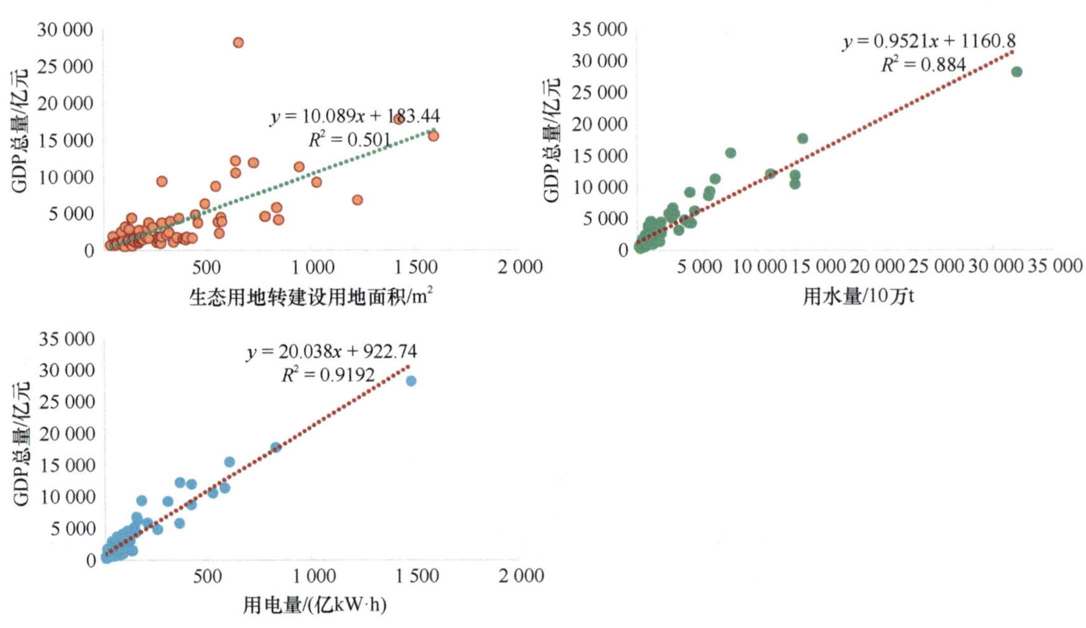

图 5-17　资源消耗与 GDP 总量相关性分析

城市群中心城市大多呈现高经济–高消耗的特征；紧邻中心城市的周边城市存在低经济–高消耗的问题；城市群外围地区有部分城市资源利用较为集约，呈现高经济–低消耗的特征；大部分城市仍均处于低经济–低消耗的水平。

2. 环境污染与经济总量

环境污染，如工业废水排放量、工业二氧化硫排放量、工业烟（粉）尘排放量与 GDP 总量之间的相关关系分析如图 5-18 所示。

多数城市群中心城市均呈现高经济–高消耗（高排放）的特征；但长沙、昆明、贵阳等中西部省会城市以较低的排放值产出了较高的经济总量；紧邻中心城市周边的城市存在低经济–高消耗（高排放）的问题。

3. 小结

关于经济与消耗下的类别划分结果见图 5-19；基于四象限分析的城市类别划分见图 5-20。

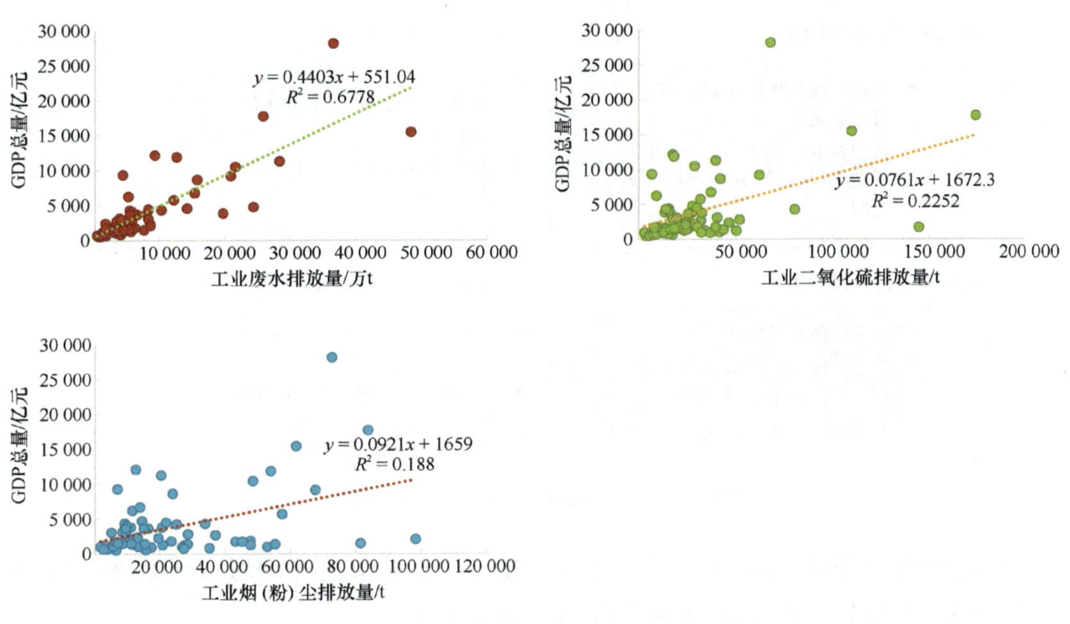

图 5-18　环境污染与 GDP 相关性分析

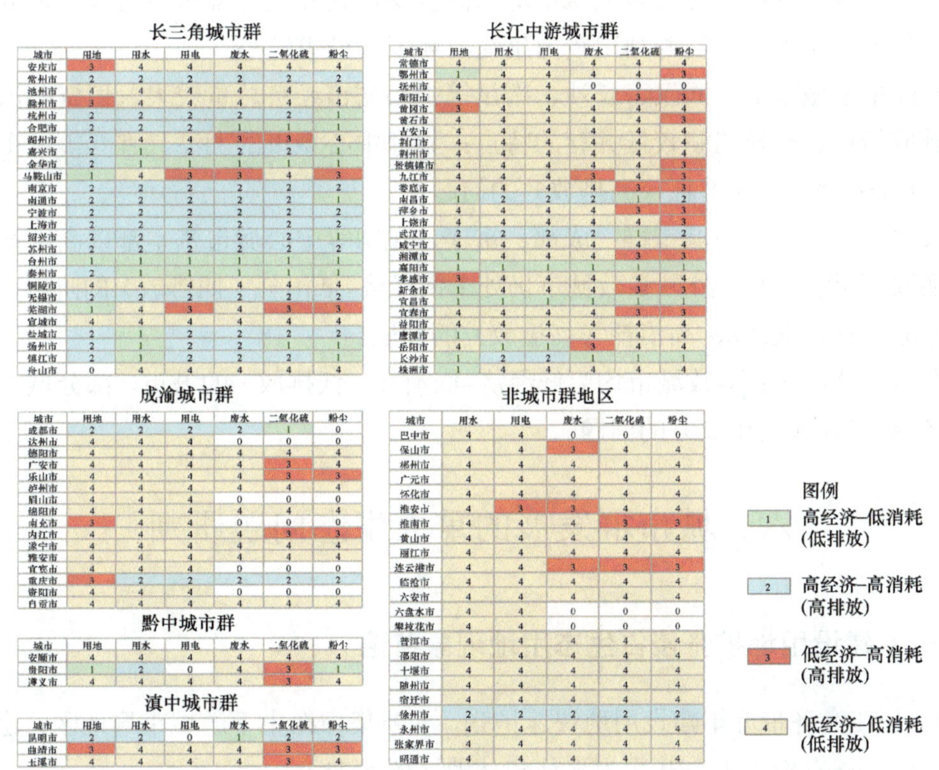

长三角城市群

城市	用地	用水	用电	废水	二氧化硫	粉尘
安庆市	3	4	4	4	4	4
常州市	2	2	2	2	2	2
池州市	4	4	4	4	4	4
滁州市	3	4	4	4	4	4
杭州市	2	2	2	2	2	1
合肥市	2	2	2	1	1	1
湖州市	2	4	4	3	3	4
嘉兴市	2	1	2	2	2	1
金华市	2	1	1	1	1	1
马鞍山市	1	4	3	3	4	3
南京市	2	2	2	2	2	2
南通市	2	2	2	2	2	1
宁波市	2	2	2	2	2	2
上海市	2	2	2	2	2	2
绍兴市	2	2	2	2	2	1
苏州市	2	2	2	2	2	2
台州市	1	1	1	1	1	1
泰州市	2	1	1	1	1	1
铜陵市	4	4	4	4	4	4
无锡市	2	2	2	2	2	2
芜湖市	1	4	3	4	3	3
宣城市	4	4	4	4	4	4
盐城市	2	1	2	2	2	2
扬州市	2	1	2	2	1	1
镇江市	2	1	2	2	2	1
舟山市	0	4	4	4	4	4

长江中游城市群

城市	用地	用水	用电	废水	二氧化硫	粉尘
常德市	4	4	4	4	4	4
鄂州市	1	4	4	4	4	3
抚州市	4	4	4	0	0	0
衡阳市	4	4	4	4	3	3
黄冈市	3	4	4	4	4	4
黄石市	4	4	4	4	4	3
吉安市	4	4	4	4	4	4
荆门市	4	4	4	4	4	4
荆州市	4	4	4	4	4	4
景德镇市	4	4	4	4	4	3
九江市	4	4	4	3	4	3
娄底市	4	4	4	4	3	3
南昌市	1	2	2	2	1	2
萍乡市	4	4	4	4	3	3
上饶市	4	4	4	4	4	3
武汉市	2	2	2	2	1	2
咸宁市	4	4	4	4	4	4
湘潭市	1	4	4	4	3	3
襄阳市	1	1	1	1	1	1
孝感市	3	4	4	4	4	4
新余市	1	4	4	4	3	3
宜昌市	1	1	1	1	1	1
宜春市	4	4	4	4	3	3
益阳市	4	4	4	4	4	4
鹰潭市	1	4	4	4	4	4
岳阳市	4	1	1	3	4	4
长沙市	1	2	2	1	1	1
株洲市	1	4	4	4	4	4

成渝城市群

城市	用地	用水	用电	废水	二氧化硫	粉尘
成都市	2	2	2	2	1	0
达州市	4	4	4	0	0	0
德阳市	4	4	4	4	4	4
广安市	4	4	4	4	3	4
乐山市	4	4	4	4	3	3
泸州市	4	4	4	4	4	4
眉山市	4	4	4	0	0	0
绵阳市	4	4	4	4	4	4
南充市	3	4	4	0	0	0
内江市	4	4	4	4	3	3
遂宁市	4	4	4	4	4	4
雅安市	4	4	4	4	4	4
宜宾市	4	4	4	0	0	0
重庆市	3	2	2	2	2	2
资阳市	4	4	4	0	0	0
自贡市	4	4	4	4	4	4

黔中城市群

城市	用地	用水	用电	废水	二氧化硫	粉尘
安顺市	4	4	4	4	4	4
贵阳市	1	2	0	4	3	1
遵义市	4	4	4	4	3	4

滇中城市群

城市	用地	用水	用电	废水	二氧化硫	粉尘
昆明市	2	2	0	1	2	2
曲靖市	3	4	4	4	3	3
玉溪市	4	4	4	4	3	4

非城市群地区

城市	用水	用电	废水	二氧化硫	粉尘
巴中市	4	4	0	0	0
保山市	4	4	3	4	4
郴州市	4	4	4	4	4
广元市	4	4	4	4	4
怀化市	4	4	4	4	4
淮安市	4	3	3	4	4
淮南市	4	4	4	3	3
黄山市	4	4	4	4	4
丽江市	4	4	4	4	4
连云港市	4	4	3	3	3
临沧市	4	4	4	4	4
六安市	4	4	4	4	4
六盘水市	4	4	0	0	0
攀枝花市	4	4	0	0	0
普洱市	4	4	4	4	4
邵阳市	4	4	4	4	4
十堰市	4	4	4	4	4
随州市	4	4	4	4	4
宿迁市	4	4	4	4	4
徐州市	2	2	2	2	2
永州市	4	4	4	4	4
张家界市	4	4	4	4	4
昭通市	4	4	4	4	4

图 5-19　城市类别划分

数字代表该项指标的耦合情况，与填充颜色对应。其中，0 代表统计数据缺失

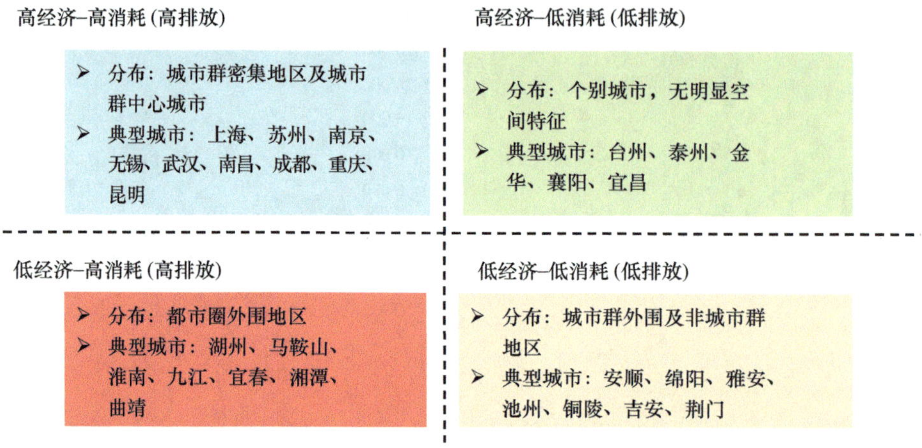

高经济–高消耗(高排放)

➢ 分布：城市群密集地区及城市群中心城市
➢ 典型城市：上海、苏州、南京、无锡、武汉、南昌、成都、重庆、昆明

高经济–低消耗(低排放)

➢ 分布：个别城市，无明显空间特征
➢ 典型城市：台州、泰州、金华、襄阳、宜昌

低经济–高消耗(高排放)

➢ 分布：都市圈外围地区
➢ 典型城市：湖州、马鞍山、淮南、九江、宜春、湘潭、曲靖

低经济–低消耗(低排放)

➢ 分布：城市群外围及非城市群地区
➢ 典型城市：安顺、绵阳、雅安、池州、铜陵、吉安、荆门

图 5-20　基于四象限分析的城市类别划分

中心城市高经济–高消耗（高排放）；紧邻中心城市的外围城市低经济–高消耗（高排放）；多数外围地区低经济–低消耗（低排放）。

长三角城市群：上海等多数城市均以高资源消耗和高环境污染为代价换取经济发展；外围台州等城市资源利用较为集约，环境污染也较小。

长江中游城市群：武汉、长沙、南昌等中心城市经济总量较大，但资源消耗和污染排放指标存在较高和较低并存的特点；紧邻中心城市的湘潭、宜春等城市存在较为突出的低经济–高消耗（高排放）的问题。

成渝、黔中、滇中城市群：成都、重庆、昆明等中心城市基本都以高消耗和高污染换取高经济水平；外围多数城市仍处于低经济–低消耗（低排放）的阶段，曲靖等部分城市存在低经济–高消耗（高排放）的问题。

非城市群地区：多数城市均为低经济–低消耗（低排放）的城市，部分城市存在低经济–高消耗（高排放）的问题。

六、城市群发展的重大生态问题研判

（一）建设用地扩张侵占生态用地现象普遍

1）长江经济带近年建设用地快速扩张，主要集中在中下游城市群地区；建设用地增长以侵占农田为主，其次为水体和林地（图 5-21）。

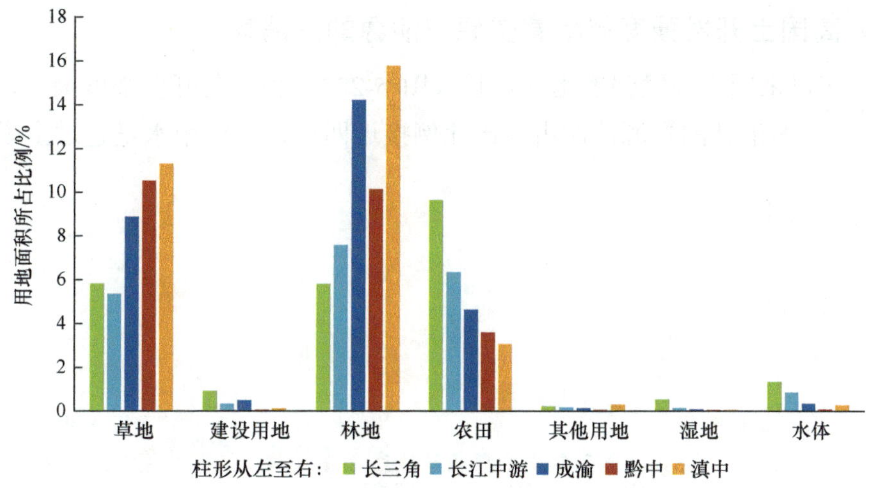

图 5-21　长江经济带城市群建设用地变化规律

数据来源：根据遥感解译数据测算

中下游城市群和上游黔中城市群新增建设用地增长幅度较大。2009 年以来，长三角、长江中游、黔中等城市群新增建设用地迅速增长，2017 年新增建设用地均超过 2009 年的 2 倍（分别为 2.3 倍、3.4 倍、3 倍）。

新增建设用地在下游城市群分布较广，中游主要集中在都市圈地区，上游主要集中在中心城市。长三角的新增建设用地已从大都市周边向都市连绵区扩散，长江中游主要集中于武汉、长沙、南昌都市圈地区，成渝、黔中、滇中主要集中在成都、重庆、贵阳、云南等中心城市。

新增建设用地主要由农田转化而来（1/3），其次为水体（9%）和林地（7%）。中下游城市群侵占水体较多，如长三角城市群新增建设用地的 17%侵占了水体，上游城市群侵占林地较多，如黔中城市群 13%的新增建设用地侵占了林地。

2）湿地生态退化较为普遍，主要被林地及农田侵占，中下游环湖沿湾地区尤为突出。

水体减少面积较大，主要转换为林地和农田。2010～2017 年，长江经济带的水体减少了 6.2 万 km^2，其中 57.9%转换为林地，25.0%转换为农田。

中下游环湖沿湾地区水体侵占现象严重，以农田侵占为主。长江中游城市群减少的水体 50.4%转换为农田，42.3%转换为林地；长三角城市群减少的水体 45.8%转换为农田，29.5%转换为建设用地。

上游以黔中和成渝城市群的林地侵占水体现象最为突出，黔中城市群减少的水体 88.8%转换为林地。

（二）高国土开发强度伴随着资源与能源的高消耗

2011 年以来国土开发强度迅速增长（图 5-22），长三角开发强度最高，黔中增长幅度最大；所消耗的资源能源占全国比例接近四成，工业用水量超过全国六成。

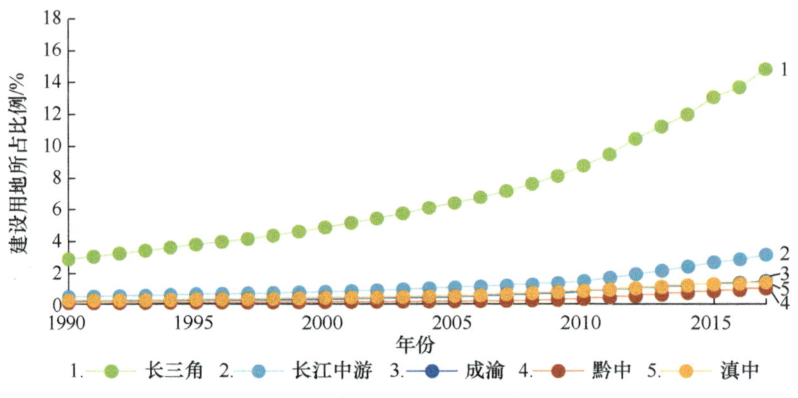

图 5-22 长江经济带城市群国土开发强度（1990～2017 年）

数据来源：根据遥感解译数据测算

2011 年，长江经济带的国土开发强度首次突破 2%，五大城市群也开始出现快速提高趋势。长三角开发强度最高也增长最快，2017 年建设用地所占比例已高达 16.5%；长江中游仅次于长三角，2017 年建设用地所占比例为 3.4%，接近长江经济带的平均水平（3.5%）。成渝、黔中和滇中的国土空间开发强度较低且增长较慢，其中又以黔中城市群最低。

长江经济带的水、电、能源等资源消耗占全国比例较大，工业用水量超过其人口和经济所占比例。2016 年，长江经济带工业用水量为 828.6 亿 m^3，占全国的 63.36%，电力消费总量为 22 732.61 亿 kW·h，占全国的 38.05%，能源消费总量为 455 767 万 t 标煤，占全国的 36.8%（人口和经济所占比例分别为 43%和 44%）。

水、电、气消耗量均以长三角最高，长江中游和成渝城市群分列其后，滇中和黔中城市群消耗量相对较小（图 5-23）。

（三）城市发展带来的大气污染和水污染等环境问题严重

1）重点城市群地区大气复合污染严重，机动车影响突出（图 5-24）。空气污染超标严重，中下游、成渝城市群连片污染态势突出。2016 年 119 个市（州）共有 114 个 $PM_{2.5}$ 超标，平均超标 40%；94 个 PM_{10} 超标，平均超标 18%；20 个 NO_x 超标，平均超标 0.1%。中下游、成渝城市群出现连片污染态势，相对而言，江北地区的 $PM_{2.5}$ 污染更为严重。

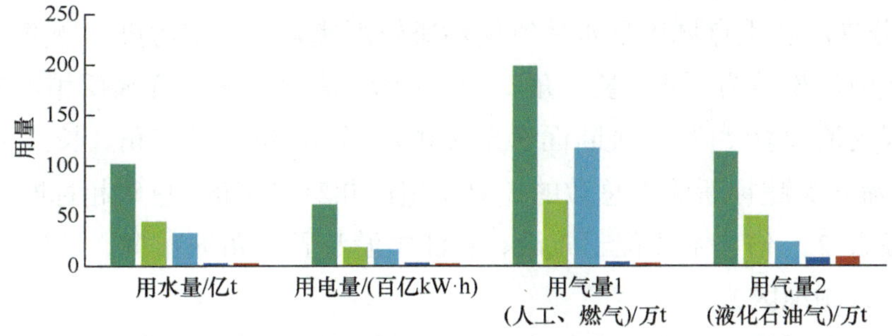

图 5-23　长江经济带城市群资源能源消耗

用水用电为 2016 年，用气为 2017 年；数据来源：《中国城市统计年鉴》相关统计年份数据

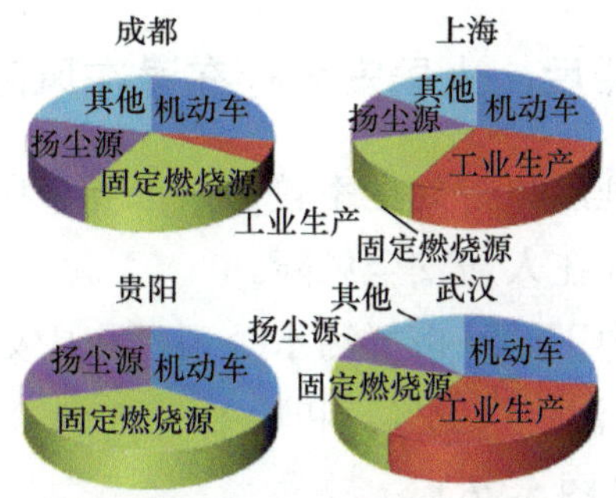

图 5-24　重点城市 $PM_{2.5}$ 污染源占比

城市群中心城市机动车数量快速增长，占 $PM_{2.5}$ 污染源比例较大。长三角、成渝城市群的中心城市民用车辆数量分别超过了 2 000 万辆和 1 000 万辆（图 5-25），黔中城市群增长最为迅速，2000～2017 年增长率高达 530.4%。上海、杭州、重庆、成都等城市 $PM_{2.5}$ 中移动源贡献最大，分别占 29%、28%、29%、27%。

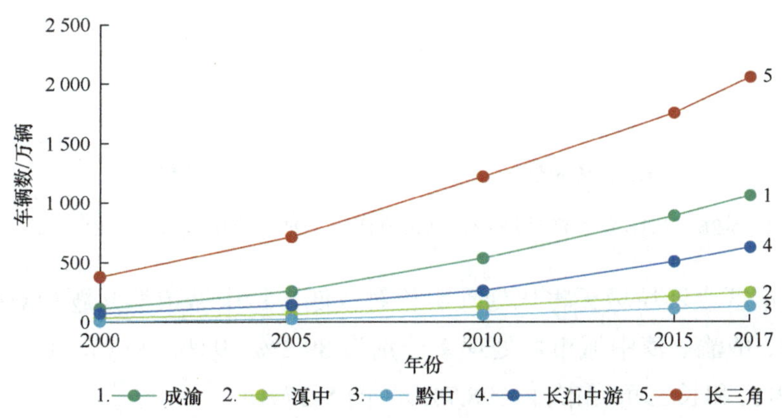

图 5-25　城市群中心城市机动车数量（民用车辆）

长三角 2000 年、2005 年值偏小，缺宁波市数据；数据来源为各城市统计年鉴

2）部分支流和重点城市群水体氮磷污染较严重，中下游污染问题突出。长江经济带水体氮磷污染较为严重，长三角、长江中游、滇中等城市群水质相对较差。2015年长江一级支流V类、劣V类断面3个（共84个），位于长三角、长江中游和滇中城镇群；支流氨氮超标断面占总数的5.3%，超标0.2～2.1倍；总磷超标断面占8.9%，总磷超标最大2.5倍，主要位于成渝、长江中游和长三角城市群（沱江、岷江、汉江水系和环太湖地区）。

上、中、下游均存在黑臭水体问题，尤其是成渝、长江中游和长三角城市群地区。长三角地区西北部（皖江城市带）未治理完成水体占流域总数的36%，成渝地区占10%，长江中游的长株潭地区占9.3%。

（四）环境基础设施滞后，人居安全存在潜在风险

中下游城市群污水处理厂集中处理率较低，水环境压力较大；上游城市群生活垃圾无害化处理率较低，存在人居安全风险。

长江中游、长三角等中下游城市群污水处理厂集中处理率较低，各地市均值分别为88.6%、87.9%，低于滇中（94%）和黔中（93.5%）城市群，成渝城市群也相对较低，处理率为89.2%（图5-26）。

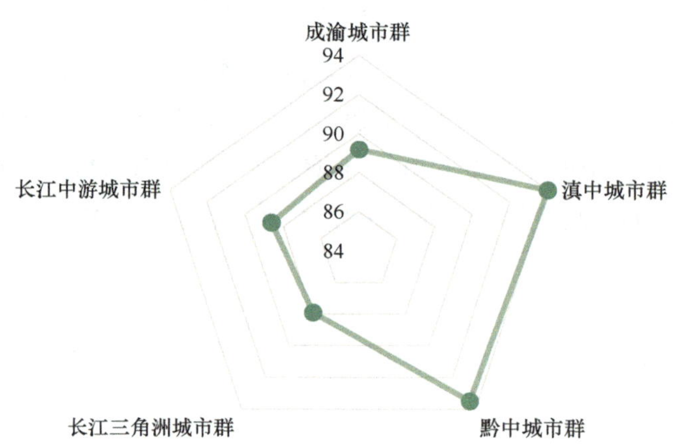

图5-26　2016年长江经济带各城市群污水处理厂集中处理率均值（%）

上游城市群生活垃圾无害化处理率相对较低，黔中城市群问题相对突出。上游地区的黔中、成渝、滇中城市群处理率分别为89.2%、93%、96%，低于长江中游城市群（96.9%）和长三角城市群（98.7%）（图5-27）。

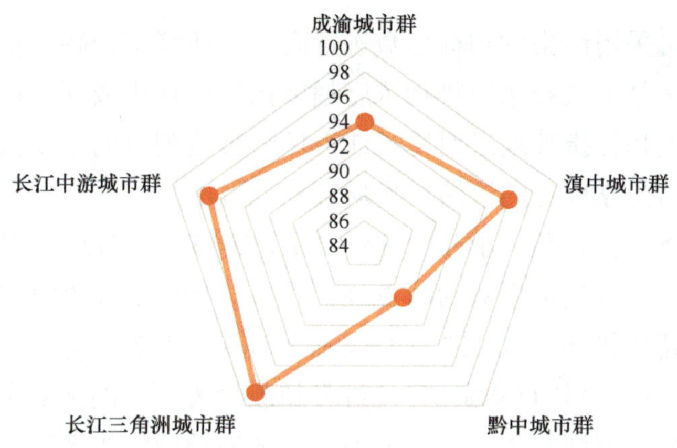

图 5-27　2016 年长江经济带各城市群生活垃圾无害化处理率均值（%）

数据来源：中国城市统计年鉴

（五）城市群中心城市及紧邻中心的外围城市均存在粗放发展问题

多数城市群中心城市均以高资源消耗和高污染排放为代价，换取经济的高速发展；紧邻中心城市的外围城市发展方式较为粗放，低经济水平和高消耗排放并存。城市群中心城市多存在高消耗、高污染的问题，包括上海、苏州、武汉、重庆等城市；紧邻中心城市的外围城市发展动力强劲，存在消耗排放量高，但经济发展水平低的问题，包括湖州、芜湖、马鞍山、九江、宜春、湘潭、遂宁等城市。

（六）用地增长带来的人口和经济增长均已趋缓，土地红利逐渐消失

随着用地持续消耗，长江经济带各地的经济发展和城镇人口增长均已趋缓，土地红利逐渐消失，下游地区尤为明显。1990 年以来，长江经济带上、中、下游的用地增长带来的边际经济产出均经历了递减—递增—递减的过程，以 2010 年前后为最近一次转折点，开始出现边际效益递减。各地的用地增长带来的边际城镇人口增长也经历了先增后减的过程，以 2000 年前后为转折点开始出现边际效益递减，这在下游地区表现得尤为突出。可见，以快速的用地规模扩张为特征的粗放式发展模式难以为继，未来的用地空间应转向存量的低效用地的盘活，未来的城市发展模式应由外延式扩张向内涵式提升转变。

七、城市群布局的分类引导

（一）环境综合承载力分析

环境承载力评价主要表征区域环境系统对社会经济活动产生的各类污染物的承

受与自净能力，可采用污染物超标指数进行表征。环境综合超标指数是采用极值法对长江经济带各区县大气和水污染物浓度超标指数进行集成评价后得到的结果。大气和水污染物浓度超标指数通过对比长江流域污染监测点的主要大气和水污染物的年均浓度监测值与国家现行的该污染物质量标准得出。

根据长江经济带生态环境承载力评价结果，2016 年长江经济带区域整体上处于超载状态，其环境综合超标指数约为 0.28。在参与评价的 1 069 个区县中，有 799 个区县环境处于超载状态，有 153 个区县临界超载，117 个区县不超载，所占比例分别约为 74.7%、14.3%、11.0%。环境综合超载最为严重的区县主要集中在湖北、安徽、江苏、上海及浙江等省市，主要受大气环境超载较为严重所致，其环境综合超标指数均在 1 以上；环境综合超载较为严重的区县主要分布在安徽、湖北、四川、江苏、重庆等省市，其环境综合超标指数为 0.5～1；其他环境综合超载程度相对较低的区县主要分布在江西、湖南、浙江及四川的部分地市，其环境综合超标指数为 0～0.5；环境处于临界超载的区县主要分布在浙江、湖南、四川、云南、贵州等地区，这些地区环境质量状况相对较好；环境处于不超载的区县主要分布于云贵两省的大部分地市，这些地方环境质量状况最好，环境承载能力较强，其环境综合超载指数为–0.6～–0.4。

（二）不同城市的分类指引

参考主体功能区划分思路，对长江经济带城市进行“4+X”分类。采用四象限分析法对经济发展程度与生态环境承载力进行耦合分析，将城市分为高经济质量–环境不超载、高经济质量–环境超载、低经济质量–环境不超载、低经济质量–环境超载 4 个类型，在此基础上叠加重点生态功能区，判定城市主要类型，对 5 类城市分别进行引导。经济发展程度维度选用人均 GDP 指标进行评价，以人均 GDP 平均值为界分为高经济质量和低经济质量两类。环境承载力以环境综合超标指数是否为负分为环境超载和环境不超载两类。

1. 高经济质量–环境超载的城市

高经济质量–环境超载的城市：以治为主，减轻生态环境负担，引导地区可持续发展。高经济质量–环境超载的城市以上海、杭州、武汉、长沙、重庆、成都等为代表，主要分布在长江经济带下游地区和中上游城市群核心区。高经济质量–环境超载的城市在经济发展过程中对生态环境造成了较大压力，资源消耗较高、环境污染较大，对这类地区提出以下建议。

1）严控建设用地规模总量，动态监测开发强度（尹稚等，2018）。确定可开发建设空间的总量控制规模上限，遏止借政策推力而无节制、无限度地挤压非建设空间。根据各地生态环境承载能力确定区域内可开发建设空间的总量控制规模上限，生态敏感度高的地区应制定更加严格的标准。

因地制宜地建立区域开发建设强度的监测预警和动态评价机制。应以控制为主，加强对城乡接合部土地利用的管理，严格控制国土开发强度的提升速度，防止土地利用超载及环境恶化，制定高于国家平均标准的土地利用要求，对产业用地的投资强度、土地产出效益等指标制定具体可行的标准。

划定建设区与非建设区的永久控制边界，严格边界管理，禁止突破建设区范围到非建设区内进行规划和建设。应重点控制生态保护区（含自然保护区、水源保护区、基本农田保护区、土壤侵蚀保护区等）、河流绿地（含主干河流及绿道、大型湖泊及沼泽、大中型水库及水源林等）、海岸绿地（含滨海岸线及防护林、沿海湿地、海产养殖场及围垦区、海洋生物繁衍区）、风景绿地（含森林公园、风景名胜区、旅游度假区、城市郊野公园等）、缓冲绿地（含环城绿带、基础设施隔离带、自然灾害防护绿地、公害防护绿地等）、特殊绿地（含地质地貌景观区、自然灾害敏感区、文物保护单位、传统风貌地区等）等非建设区。实施永久保护区定桩放线。由各地方部门具体勘定管制区的边界坐标，统一进行保护，报国家、省人民政府规划行政主管部门备案监督。建立动态管理检测平台。通过管理信息系统的建立，实现非建设区永久控制边界的统一监督和实时检测。

试点划定城际最小生态安全距离。这部分地区作为未来经济发展格局中最具活力和潜力的区域，应合理测算和确定城市之间的生态安全距离，明确这一区域的环境承载力，确保实现可持续发展。

2）以区域型交通设施布局引导城镇集约紧凑发展（尹稚等，2018）。通过区域高速公路网和轨道网的建设，引导城镇开发建设向区域重要交通线路与节点集聚，带动城镇密集地区、城市群中心城市集约紧凑发展。城镇应沿主要交通干线布局，形成城市发展轴线，进行新的城市建设。在郊区和新城市化地区内应新建多功能城市中心，避免单中心布局模式，并通过公路、铁路及区域快速轨道交通网保持中心城市与外围新城的交通联系。特大型城市的都市圈范围内，新城的空间结构应以轨道交通线路为骨架，以轨道交通站场为核心，同时利用自然空间对建成区域进行有机分隔，形成葡萄串状的组团式格局。

专栏3 城镇密集地区、城市群中心城市的空间组织范式

空间一体化组织：中心城市与外围中小城市依托高效的轨道交通和高速公路等形成轴线放射、多中心网络等空间形态。

生态一体化保护：划定建设区与非建设区永久控制边界；整合区域景观生态元素，构建生态网络；在建设区周边形成绿带、绿网。

交通一体化协同：在城市群内对区域交通整体规划；以区域高速公路、快速路、轨道交通系统等快速联系通道作为区域重点；对区域内公共交通系统、重大交通设施统筹规划、建设和运营管理；实现城市内部交通与区域交通的有效衔接。

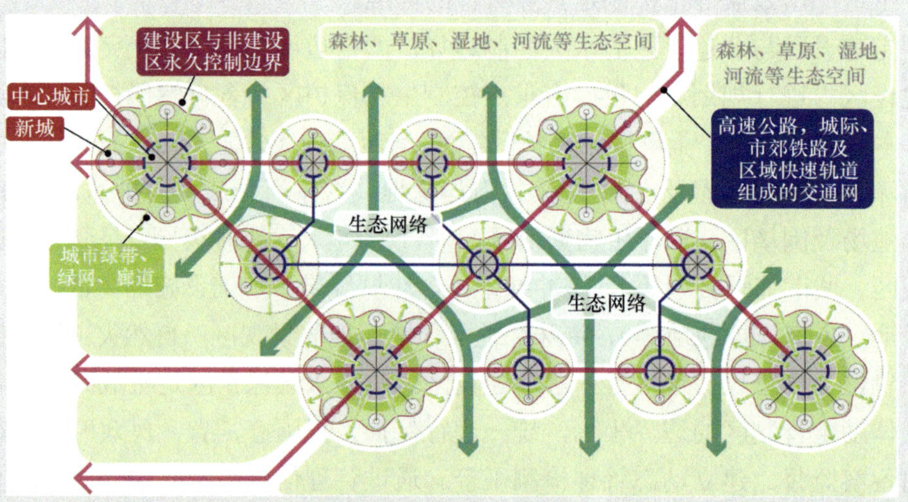

高度一体化城镇密集地区空间范式图（网络型）

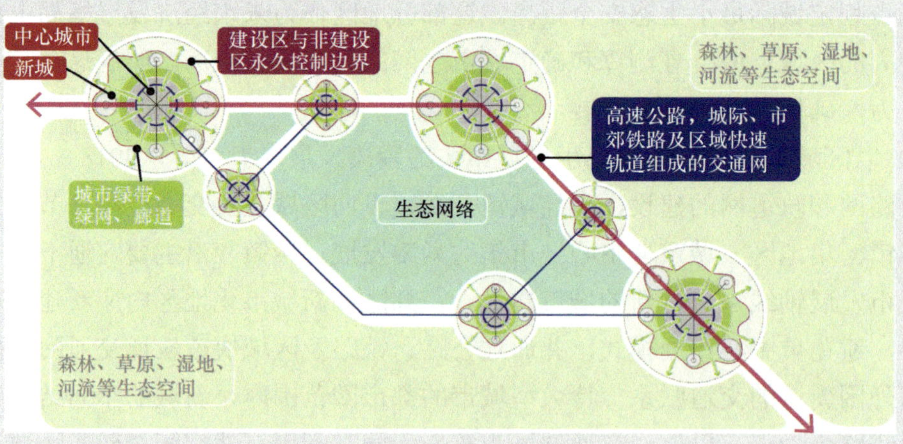

组合型城市群地区空间范式图（组群型）

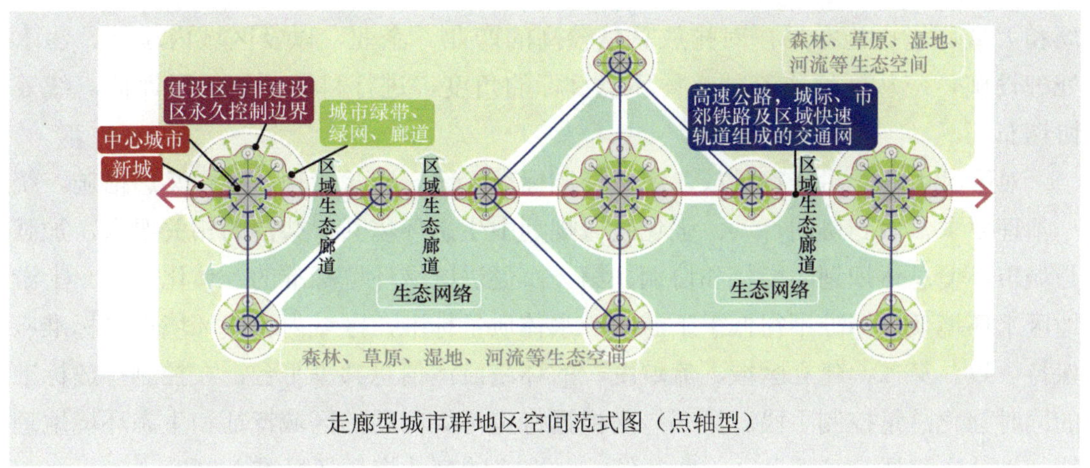

走廊型城市群地区空间范式图（点轴型）

3）强化重大市政基础设施的共建共享（尹稚等，2018）。推进供水、污水处理、垃圾处理、电力等重大设施建设共建共享。对于供水、污水处理、垃圾处理、电力、燃气、防洪减灾等重大设施建设，城镇密集地区及城市群中心城市应突破行政区内各自为政的管理模式，从区域整体进行需求预测、能力保障和设施布局安排，最大化提升设施运行效率和效益，集约利用资源，协调矛盾冲突，避免区域基础设施重复建设。特别是水资源综合利用方面，污水处理厂等设施布局方面应该统一布局、统一污染排放指标。

按照区域、环境、资源相协调的原则，划分合理的协调区域，确定相应的协调措施。结合实际设施共用建设需求情况，突破行政界线，相对集中建设，使设施达到经济合理规模。应在区域规划中明确各城镇的水厂、污水处理厂、垃圾处理厂等的共建共享要求。应统筹区域调水，合理安排与协调优质饮用水工程与城市供水。区域电网应注重与城镇规划、交通规划有机衔接，线路应尽可能沿交通走廊布设，充分利用河流、道路两侧的隔离带，尽量少占用耕地。供应相同市场的各类区域管道应尽量在同一走廊带敷设，尽量共用站场等工艺设施及伴行路等辅助设施，合理设置管廊带宽度，尽量少占或不占耕地，尽量沿交通走廊敷设，尽量减少矿产压覆，尽量降低管护成本，最大限度地节约资源和保护环境。

4）强化生态环境保护的协同一致与联防联治（尹稚等，2018）。从区域整体的角度进行生态、资源、环境容量和承载能力评估，作为区域开发与保护活动开展的依据。第一，建立基于水环境容量和大气环境容量约束的环境容量底线，建立基于水资源和土地资源容量约束的发展底线，使区域内的生态结构基本要素得到充分保护，防止出现生态环境衰退和城市无序蔓延。第二，统筹协调区域内产业布局和大型环境设施布局，对排放总量较高的产业、企业，以及区域内垃圾、污水处理设施，应从区域或流域整体环境目标的角度，进行科学系统的预评估，统筹协调布局。

对区域内各类污染物排放，统一控制标准，统一监督管理，统一奖惩措施，统一治理要求，做到协同行动。强化区域规划中生态环境共保共治的相关要求，加强与城市环境总体规划的衔接和协调。第一，促进区域环境标准的一体化管理。上游地区水环境质量标准不得低于下游同一水体质量标准，区域内大气环境质量标准应保持一致。第二，建立区域、流域统一的环境监测信息共享平台，在控制排放标准的同时强化总量控制手段。第三，应根据特定污染问题的区域特征和生态环境地理特征划分大气质量管理分区，实行统一、严格的产业资源环境准入制度。

5）倡导“无废城市”建设模式。因地制宜地建立“无废城市”建设指标体系，健全考核制度和统计制度。在参照生态环境部印发的《“无废城市”建设指标体系（试行）》的基础上，结合各个城市自身的发展定位与发展阶段、生态本底条件、产业结构特征等情况，增减相应的指标，突出自身的特色和重点。同时，建立统一的指标数据统计口径和方法，并完善相应的考核机制。

优化完善固体废物管理的体制机制，保障相应工作的落地实施。构建相应的法规制度体系，强化行业监管责任、企业主体责任和法制保障；将“无废城市”的建设工作落实到具体的职能部门，划分各类固体废物产生、收集、转移、利用、处置等环节的部门职责边界，形成权责清晰的分工协作模式。

实施工业绿色生产，实现工业领域固体废物减量化、资源化和无害化。例如，推广绿色矿山技术，减少矿业固体废物产生；针对制造业固体废物，推进绿色产品和绿色供应链设计，实现全产业链的固体废物循环利用等；对于历史遗留工业固体废物，严格控制增量，探索“以用定产”等方式，实现固体废物产销平衡。

推动农业绿色生产，促进主要农业废弃物全量利用。探索建立集中处置中心等模式，实现畜禽粪污的肥料化和能源化等就地就近利用；以就地还田、收集利用等方式推动农作物秸秆的综合全量利用；通过回收利用和无害化处理等方式，提升废旧农膜及农药包装废弃物再利用水平。

践行绿色生活方式，推动生活垃圾源头减量和资源化利用。通过宣传推广等方式，引导公众践行绿色生活方式；支持绿色包装应用、无纸化办公等方式的推广，减少资源浪费；加强生活垃圾分类，探索生活垃圾收费制度，倡导“光盘行动”等，多措并举加强生活垃圾的资源化利用。

2. 低经济质量–环境超载的城市

低经济质量–环境超载的城市：以调为主，提高资源利用效率，调整无序开发行为。

低经济质量–环境超载的城市以黄冈、九江、益阳、遵义等为代表，主要分布在长江经济带中游地区和都市圈外围地区。低经济质量–环境超载的城市大多有较强的城镇化发展动力和潜力，但目前开发方式较为粗放，对生态环境空间和乡村地区的蚕食现象较为严重，带来较大的生态环境保护压力。针对这类地区提出以下建议。

1）调整建设用地结构，提升建设用地节约集约利用（尹稚等，2018）。保障城市建设用地结构合理。首先要遏制超出本地需求的、大规模建设工业园区和开发区的圈地行为，其次要把握适度的土地投放节奏和投放类型。

加强对公益性用地比例的保障力度。公益性用地对城市运行、人民生活水平、环境品质、社会公平和公正都有着重大意义，但在城市实际建设中，由于牵扯的利益博弈较多，往往成为最难以保障实施的部分。在规划实施中，规划管理部门要严格实行城市四线管理办法和各省出具的保障房及公共服务设施配置标准的有关规定，保障基础设施用地、公共服务设施用地、保障房和绿地等公益性用地的比例和规模，为城市运行、民生保障和环境品质提供支持。

在城市建设用地供给阶段，严格控制土地供给结构和投放节奏，促进城市有机增长。以国民经济和社会发展需求及城乡规划作为土地供应的前置条件，科学编制土地供应计划；严格控制工业用地和居住用地（特别是商品房用地）的供给力度和投放节奏；优先满足基础设施和公共服务设施的土地供应需求。

实行常态化的建设用地监测评估机制和城市土地供应政策绩效评价，保障城市建设用地结构合理。建设用地结构是土地利用总体规划、城市总体规划实施的阶段性成果，同时也应作为翌年土地供应计划的重要依据之一。不及时认识建设用地结构的变化和潜在问题，供地政策难免会出现滞后现象。因此，应严格履行 2 年一次的常态化城市总体规划实施评估机制，适时引入城市土地供应政策绩效评价。在技术支持方面，依托地理信息系统，直接提取图斑空间定量信息，加快建立土地市场监管信息系统，及时更新城市土地利用变化及权属变化信息，加强对已供地块的跟踪管理，实时反馈土地开发建设情况，及时相应调整土地供应策略，为城市建设用地结构的合理控制提供保障。

着力释放城市已建区存量建设用地空间，在总量控制的基础上，有序增加建设用地流量。提高存量建设用地在土地供应总量中的比例；利用低效用地再开发，推进产业空间整合集聚，加大旧工业区改造力度，带动产业升级；在城市更新过程中分区配建保障性住房，捆绑配建公共服务设施，改善民生福利。

建立城镇低效用地再开发激励机制，促进存量用地再开发。允许存量土地使用权人在不违反法律法规、符合相关规划的前提下，按照有关规定经批准后对土地进行再开发。完善城镇存量土地再开发过程中的供应方式，鼓励原土地使用权人自行改造，涉及原划拨土地使用权转让需补办出让手续的，经依法批准，可采取规定方式办理并按市场价缴纳土地出让价款。在国家、改造者、土地权利人之间合理分配“三旧”（旧城镇、旧厂房、旧村庄）改造的土地收益。例如，深圳市建立一套从法规、管理、操作指引和技术标准各层面完善的政策法规体系，推进城市更新全覆盖并首创城市更新单元概念。城市更新单元会定期分批向公众公布，确保更新规模、时序和布局。在功能、方式、强度、相关配套方面都提供具体的更新模式引导。同时在城市更新评价体系中纳入生态目标，划定城市更新功能引导区，包括综合服务区、产业集聚区和生态保育区，进行综合整治、功能改变、拆除重建等分类更新引导。

加大对闲置用地的处理力度，避免宝贵的空间资源被闲置和废弃。严格执行《闲置土地处置办法》有关规定，对闲置用地进行土地闲置费的征缴或酌情无偿收回国有建设用地使用权。充分发挥各地土地督察局的作用，将审批后的土地使用情况作为土地督察的一项重要工作，列入例行督察或者农用地转用和土地征收审批事项督察的主要内容，或者是开展专项督察工作，重点对批而未用问题进行督察并相应提出督察整改意见。

对废弃厂区、棕地的规模和分布情况进行详细梳理，进行必要的土地治理和二次开发。目前，我国现行法律法规政策已经开始关注棕地污染问题，对土壤污染防治、污染场地、建筑的调查评估作出了指导性的要求，同时对工业污染土地的治理和修复也提出了相应的财政支持措施。但和欧美国家相比，我国仍缺乏棕地治理与再开发的专项技术导则与政策体系。技术导则方面应包括对棕地的调查，再开发利用潜力评价，土地使用权的转移、设计和实施，修复标准及竣工验收等内容应该作出相应的规定与要求；政策体系中除了财政政策，还应通过立法明确责任主体、税收政策激励等多方面鼓励棕地治理和再利用。

在城市新开发地区明确新增用地项目准入门槛，加强开发强度导控，提高土地利用效率。强化城市新区的建设用地开发强度、土地投资强度、人均用地指标、工业用地产出率的整体控制，提高区域平均容积率。鼓励地方推进“工业用地节约集约利用标准”的制定，建立不同区域和产业类型的用地容积率、投资强度、用地产出率等控制标准。根据“工业用地节约集约利用标准”建立项目准入评估机制，提高工业用地效率。例如，上海市出台《上海产业用地指南》规定，对于新引进的需要单独供地的项目，可根据项目可行性报告等，抽取项目用地面积、建筑面积、固定资产投资额、预期销售额等相关数据，分别计算出该项目用地的容积率、土地产出率、固定资产投资强度、土地税收产出率、建筑系数、行政办公及生活服务设施用地所占比例等指标，与全市的行业控制值和推荐值进行比较分析，作为判断是否引进该项目的重要依据，有效建立项目准入的政策条件，确保土地利用效率的提高。

2）加强城乡空间的一体化规划，严控城镇空间蔓延对乡村空间的挤压和蚕食。坚持把城市和乡村作为一个有机整体来全盘谋划，统筹规划。强化城乡功能与空间资源的整合，提升乡镇村庄建设管理水平，严格保护和管控基本农田。第一，引导乡村集聚发展建设，保护农业与生态环境空间。严格乡村建设管控，控制乡村的无序增长。通过发展权益转移、置换等方式引导农村人口城镇化集聚，控制乡村居民点蔓延扩张和无序开发，加强土地整治。第二，提升乡村郊野地区的综合功能和效益。在生态保育的前提下，发挥城市近郊地区农业生态休闲空间的综合功能与效益。鼓励适度发展“环境友好型”的体验农业、休闲娱乐、文化养生等乡村多元化产业，相关产业发展必须符合地方农地保护和自然保护的政策要求。第三，加强城市基础设施、公共服务设施对乡村地区的延伸与辐射，提升农村公共服务设施和市政基础设施水平，全面提升农村污水、垃圾的处理水平，改善乡村生产生活环境。

3）城乡空间统筹布局，严格控制工业、房地产等开发项目在乡村地区无序开发。应坚持以统筹城乡发展为导向，促进耕地保护和农业现代化建设、促进农村小城镇和中心村经济发展、促进农村生产生活条件改善和环境保护。防止以城乡增减挂钩、农村危旧房改造等名义进行农村房地产项目开发。慎重对待工业园区及开发区的规划审批。特别要加强对工业园区和开发区用地规模、开发强度及近期建设规划的论证和审批。加大对工业园区、开发区规划实施的监管力度，杜绝违规、违法建设行为。

3. 低经济质量–环境不超载的城市

低经济质量–环境不超载的城市：以优为主，打造优质自然景观，优化城镇用地结构。低经济质量–环境不超载的城市以毕节、楚雄、丽江等为代表，主要分布在长江经济带上游地区。低经济质量–环境不超载的城市生态环境条件较好，以生态保护为发展前提。针对这类地区提出以下建议。

1）推进以人为核心的城镇化，避免把城镇化当作拉动经济增长的手段（尹稚等，2018）。按照人口向城镇集聚的一般规律确定城镇化水平的发展目标，注重城镇化建设的质量。应以农业转移人口市民化为重点，健全完善农业转移人口基本公共服务保障体系。

要避免在规划制定中盲目夸大城市人口规模，盲目圈地，盲目铺摊子，脱离实际需求与可能，规划建设大规模的工业区。

引导农村居民点逐步缩减。通过宅基地有偿退出、还绿复垦等政策机制，引导村庄随着人口城镇化转移逐步缩减建设用地规模。

重点改善农村生产生活环境。加强村镇供水和污水、垃圾处理设施建设。采取城镇基础设施延伸、村庄联合建设基础设施及各种适宜乡村的环境治理技术，提升和改善农村人居环境，避免对环境造成污染。

发展绿色农业产业，实施乡村社区复兴。全面开展农地污染治理规划，将农地土壤污染防治与农产品补贴机制挂钩。建立全面的农产品质量监控体系，设立本地优质农产品标准，对符合标准的农产品进行专项补贴，保障传统农业产量和质量。积极鼓励发展现代农业、特色农业和有机农业，争取将农业打造为乡村发展的“新亮点”。

2）避免以资源、生态、环境为筹码，不计成本和代价，不加选择地推动产业扩张（尹稚等，2018）。城镇化动力不足、城镇化水平相对滞后的产业发展应更加注重资源节约，更加注重保护生态和环境，不能以牺牲资源环境为代价而图一时一地的发展，不能落入“引进—落后—淘汰—再引进”的怪圈，避免走先发展、后治理的老路。

重视资源、生态、环境的价值，注重学习发达地区的先进理念和体制机制，逐步建立符合绿色发展要求，适应科技进步、市场要素的现代产业体系，注重优化要素投入结构，引进先进、适用的技术。

促进对地方归属感和农田等自然文化资源的保护，限制农村地区的大量开发。乡村建设应尊重自然本底和现有格局，严格保护村庄“山水林田文”资源要素，禁止盲目开山、填湖、伐树，破坏水体和绿化空间，避免大拆大建模式和“一刀切”的规划设计和建造方式。禁止不顾乡村实际条件和村民意愿，盲目推进高强度的集中型搬迁并点，造成不符合乡村发展规律的搬迁撤并，导致土地资源的二次消耗和地区生态环境破坏。在乡村选址布局垃圾填埋场、污水处理厂等具有负面影响的环境设施，应严格开展环境影响评价工作，实行“一票否决制”。充分考虑村庄地形地貌，保护村庄特色和文化，加强农宅分类整改，加强环境景观要素修复，强调建筑、自然环境和乡土文化的有机融合，最大限度地保留传统乡村风貌。

4. 高经济质量–环境不超载的城市

高经济质量–环境不超载的城市：以转为主，推动创新发展，促进产业结构转型提升。

高经济质量–环境不超载的城市为玉溪市和攀枝花市，均分布在长江经济带上游，为资源型城市。这类城市的发展对资源高度依赖，对环境有一定破坏性，但自然本底条件优越，尚未出现环境超载的问题。

高经济质量–环境不超载的城市应高度重视环境保护和可持续发展，合理开采、节约利用资源，更新资源利用工艺，提高资源利用率，实行清洁生产，发展绿色经济、循环经济。同时积极推动产业转型，改变资源依赖型发展路径，延伸产业链，大力推动科技创新，推进多元化发展，避免对生态环境造成不可逆转的破坏。

5. 重点生态功能区的城市

重点生态功能区的城市：以“保”为主，保护生态环境空间，限制大规模、高强度的城镇化开发。

以重点生态功能区为主的城市主要分布在长江经济带上游地区，以张家界市、黔南州、凉山州等地区为代表，此外重庆、丽江、大理等城市有部分区县也是重点生态功能区。重点生态功能区承担水源涵养、水土保持、防风固沙和生物多样性维护等重要生态功能，区内应限制进行大规模、高强度的工业化和城镇化开发，重点保护生态功能。

建立健全重点生态功能区管理体制。建立统一事权、分级管理的重点生态功能区管理体制，统筹财政资金分配、重点项目安排等工作。

建立健全国家重点生态功能区建设负面清单。在国家《重点生态功能区产业准入负面清单》的基础上，统一制定负面清单技术导则，归统各类管控要求，采取自下而上、自上而下等方式比较论证，建立健全国家重点主体功能区负面清单，使之更具科学性和可操作性。

加大生态补偿力度。在《中央对地方重点生态功能区转移支付办法》的基础上，进一步细化完善国家财政资金支付分配测算依据与标准，加快建立与基本公共服务支出相适应、逐年增长的生态补偿机制，增长比例不低于经济社会发展速度，将黄山市纳入《建立市场化、多元化生态保护补偿机制行动计划》试点城市，在生态环境修复治理项目和生态补偿资金方面继续给予支持和倾斜。

（三）不同城市群的分类指引

结合前文对各个城市群的社会经济发展现状分析和对国土空间开发利用演变情况的分析，以及对上、中、下游的经济、人口与用地的边际效益分析，将城市群按照其发育程度和所处区位划分为 9 类，长江经济带的 5 个城市群覆盖了其中的 4 类，针对这 4 类分别提出相应的发展建议。

1. 培育期–环境不超载城市群

培育期–环境不超载城市群："保生态"，适度开发城市群内发展动力较强的地区。

黔中城市群、滇中城市群为培育期–环境不超载城市群，城市群整体生态环境压力较小，仅中心城市及发展走廊存在环境超载问题。

培育期–环境不超载城市群未来应以保护生态环境为主要任务，生态条件脆弱的地区坚决限制大规模城镇化开发，生态环境承载力较强、地势较平坦的地区，在不破坏自然环境和确保地质安全、生态安全的前提下可以进行适度开发。以打造我国西部地区具有一定带动能力的新型增长极为目标，建设生态宜居型城市群。近期以重点发展壮大中心城市，培育形成以中心城市为核心的都市圈为工作重心，进而提高中心城市的辐射带动能力，带动周边城市共同发展，实现与中心城市的交通设施互联互通与产业分工协作。

2. 高速发展期–环境超载城市群

高速发展期–环境超载城市群："调结构"，以圈带群提升城市群一体化水平。

成渝城市群、长江中游城市群为高速发展期–环境超载城市群，城市群整体存在生态环境超载的问题，中心城市及都市圈范围内经济发展质量较高，外围地区发展质量较低。

高速发展期–环境超载城市群未来应调整经济结构，大力发展对生态环境干扰较小的新兴产业，大力推动科技创新，加强都市圈内一体化发展及都市圈对外围地区的带动作用。

成渝城市群中心城市发展较好，其他地区经济质量较低，应以建设西部高质量发展增长极和打造内陆开放战略高地为目标，兼顾生态环境保护，强化成都和重庆双中心的综合服务功能和辐射带动能力，加强两地城市之间的协作交流和功能互补，同时培育次级节点城市和发展轴带，并注重提升区域内部的交通、生态、服务等一体化发展水平。

长江中游城市群已形成长株潭等以中心城市为核心、联系密切的都市圈，都市圈以外地区经济质量较低，区域内湖泊众多，承担着洪水调蓄的重要生态功能。未来应重点保护洞庭湖、鄱阳湖等湖泊的生态环境，建设引领中部崛起的核心增长极和综合交通枢纽，加强武汉、长沙、南昌等中心城市之间的协作交流和功能互补，分别培育壮大都市圈，形成更高能级的区域极核。

3. 成熟期–环境超载城市群

成熟期–环境超载城市群：“重提质”，建设高质量世界级城市群。

长三角城市群属于我国发展最为成熟的三大区域之一，综合发展实力和一体化发展水平居于全国前列，同时具备江海交汇的区位优势，广阔的平原地区和较高的生态承载能力为其提供了较大的发展空间。但是，近年快速的城镇化发展及较为粗放的资源环境利用模式也使其面临一定的生态环境问题，长三角城市群全部城市均存在环境超载的情况，大部分地区经济发展质量高，仅滁州、安庆、池州、宣城等西部地区的部分城市经济发展质量较低。

长三角城市群未来发展应以提高发展质量、减轻环境压力为总体目标。东部沿海发达地区应基于生态环境承载力划定城市发展底线，坚持效率优先，强化存量建设用地盘活利用；以建设具有全球影响力的世界级城市群为目标，充分发挥上海作为国际大都市的辐射扩散作用，进一步强化与周边区域的协同一体化发展，成为带动长江经济带崛起的龙头；注重土地等资源利用的节约集约，促进多功能混合布局和土地混合利用。西部经济发展质量较低的地区应积极承接其他城市外溢产业，以不破坏生态环境为前提发展经济。

八、生态环境承载力约束下的城市群建设对策

（一）重大建议

基于生态环境承载能力，合理布局城镇空间，优化城市群发展格局，强化重点生态功能地区生态环境保护，提高社会经济发展优势地区的承载能力和集约节约利用水平，形成具有“大群大绿”特点的大流域格局。

1. 优化城市群空间发展格局，实行分类引导

依据城市群发展阶段，结合生态环境超载情况，分区分类引导城市群发展。对于黔中和滇中等处于培育期且环境不超载城市群，重在强化生态环境保护，提高中心城市发展能级和辐射带动能力，培育形成以中心城市为核心的都市圈，强化外围地区生态价值；对于成渝和长江中游等处于高速发展期但环境超载的城市群，重在优化空间结构，加强各都市圈之间的重大基础设施建设，促进各都市圈间的要素流动，以圈带群提升城市群一体化发展水平；对于长三角等处于成熟期但环境超载的城市群，重在强化网络化发展格局，破除要素流动障碍，同时注重提质增效，提高集约节约利用水平，建设高质量发展的世界级城市群。

2. 加强区域城市群绿色发展，推进共建共保共治

强化城市群绿心建设，形成“众星拱月”的空间结构。将城市群内部具有重要生态功能的地区作为生态绿心重点保护，避免将其划入城市化发展区。提高生态绿心以外地区的综合承载能力，引导人口和经济进一步向优势地区集聚，践行生态发展理念，倡导绿色生产生活方式，推动形成可持续发展模式。最终形成以城市群生态绿心为核心，外围城镇网络化布局的“众星拱月”式空间结构。

围绕生态环境共保共治，形成区域一体化生态治理格局。①协同实施重大生态修复工程，包括河湖湿地生态保护修复工程等，增强水源涵养和水土保持等重要生态功能；②建立明确的跨区域生态补偿机制，共同设立生态保护和环境治理基金。科学确定生态补偿标准，实现其制度化、规范化、常态化运行，着力解决上下游水污染排放权及“西电东输”的市场化补偿等问题。设立生态环境保护治理专项资金，适当引入社会资本，确保生态环境治理工作的持续性和稳定性。

3. 加强绿色基础设施建设，改善提升人居环境

推行集中与分散相结合的污水处理模式，推进污水再生回收利用。构建污水集中与分散处理，污水管网与处理设施协调配套，污水处理出水标准差异化的“三位一体”的模式，推进污水再生回用。提高污水处理厂排放标准，推进雨污分流制改造。以污水处理率（含集中处理与分散处理）为考核指标，各地区根据实际情况开展集中与分散相结合的污水处理模式，鼓励开展不同模式（集中处理、分散处理）技术处理比较，选取适宜污水处理模式。

构建以资源回收及能源利用为目标的污泥无害化处理模式，推进污泥处理市场

化运营。加强污泥无害化处理与资源化利用的引导。按污泥处理方式制定污泥处理补贴政策，加大对鼓励的污泥处理方式的补贴。

实施多元化能源供应，促进能源利用低碳化。以大型集中供热为主，以分散供热为辅，燃煤设施分步化“减煤”，统筹清洁能源布局，实施多元化能源供应模式。源头与末端控制相结合，推广煤炭的清洁化。发展高效的集中供热，全面淘汰燃煤小锅炉房，建立完善的监控管理系统，严格控制设施的污染排放。

提高垃圾有效收运处理及资源化利用水平。将前端垃圾有效分类收运与末端综合处理相结合，统筹城乡垃圾处理的全流程管控模式。采用“区分流、民分袋、街分箱”分类收集方案，实现良好的源头分类，建设集约、高效的垃圾综合处理园区，有效缓解垃圾处理设施建设用地难的问题，使环卫设施逐步向大型化、园区化、高标准的方向发展。推广静脉产业类生态园区建设。在前端良好分类的基础上，推广以资源的高效利用和循环利用为目标，以“减量化、再利用、资源化”为原则，以物质闭路循环和能量梯次使用为特征的静脉产业类生态园区（资源再生利用产业）建设，实现“资源→产品→再生资源”的循环化，实现各类废物再利用和资源化的产业化，包括废物转化为再生资源及将再生资源加工为产品两个过程。

提升地下管线综合管理能力和信息化水平。全面落实管网普查，推动管线建筑信息模型管理平台构建，推动综合管廊建设，推进地下空间协同开发。加强地下管线管理，进行地下管线信息化采集，推进管线智能管理系统的构建，进行综合管廊建设立法研究，完善各地综合管廊规划、建设及运营管理办法。

推行电网智慧化运营管理模式。构建统一、稳定的智能电网，通过在区域层面建立跨区域“电力高速路”融入大电网、在城市层面构建骨干电网打造能源配置绿色平台、在社区层面形成能源互联网等方式，促进智能电网建设，从而实现能源的优化调配、减小大范围停电事故的发生概率。建立坚强的电网传输保障系统，充分消纳清洁能源，实现多种能源的优化配置，引导用户多元化负荷需求，实现能源按需分配。

（二）重点工程

1）绿隔工程。建设大绿带对城镇化发展区域和生态脆弱敏感地区进行隔离，防止城镇化地区侵占、影响生态脆弱敏感地区。

2）绿心工程。围绕重要湖泊等生态区建设城市群绿心，如长江三角洲城市群建设环太湖、洪泽湖绿心，长江中游城市群建设环洞庭湖、鄱阳湖绿心和长株潭绿心，成渝城市群建设龙泉山绿心，滇中城市群建设环滇池绿心等。

3）绿联工程。建立长江经济带城市群三大环境共保共治政策机制，包括区域补偿机制、区域交易机制、区域共保机制。建立区域补偿机制，在合理量化生态补偿额度的基础上，建立生态补偿基金，创新区域生态补偿方式，采用经济补偿、技术补偿等多样化补偿方式，促进区域协调发展。建立区域交易机制，通过交易污染排放，平衡区域间经济利益，促进区域共同发展。建立区域共保机制，通过建立区域生态保护委员会等负责机构，协调区域生态环境保护相关事宜，统筹区域生态保护和城镇化开发。

第六章　长江经济带产业布局战略对策

一、产业发展现状与问题识别

（一）长江经济带产业总体情况

长江经济带覆盖上海、江苏、浙江、安徽、江西、湖北、湖南、重庆、四川、云南、贵州 11 省市，面积约 205 万 km^2，约占全国的 21%，人口超过全国的 40%，2018 年生产总值约 40 万亿元，约占全国生产总值的 45%（表 6-1），不仅经济总量大，而且增长速度快、发展效率高，长江经济带已经成为中国第一大经济区。2013～2018 年，长江经济带产业结构也在不断地调整，三次产业比由 8.59∶47.42∶43.99 变为 6.90∶41.31∶51.78，第一产业（一产）和第二产业（二产）比例持续降低，第三产业（三产）比例不断提高（图 6-1），总体上看，长江经济带产业结构不断优化，第二产业和第三产业在长江经济带产业结构中居于主导地位，“三二一”产业格局明显，第二产业和第三产业比例之和超过 90%，表明长江经济带已经基本实现了工业化。

表 6-1　2013～2018 年长江经济带 GDP 总量及占全国比例

年度	2013 年	2014 年	2015 年	2016 年	2017 年	2018 年
全国/亿元	592 963.3	641 280.6	685 992.9	740 060.8	820 754.3	900 309.5
长江经济带/亿元	261 475.6	284 689.2	305 200.2	337 181.9	370 998.5	402 985.2
占全国比例/%	44.10	44.39	44.49	45.56	45.20	44.76

数据来源：国家统计局。

从三次产业变化趋势（图 6-2）来看，2000～2018 年，长江经济带第一产业增加值发展速度最慢，产值由 2000 年的 6 415.3 亿元到 2018 年的 27 953.12 亿元，增长了 3.36 倍，第二产业增加值从 2000 年的 18 981.98 亿元到 2018 年的 167 114.59 亿元，增长了 7.8 倍，第三产业增加值从 2000 年的 15 448.19 亿元到 2018 年的 209 395.16 亿元，增长了 12.55 倍，发展速度最为迅猛，并在 2015 年，首次超过了第二产业增加值，在 2017 年第三产业增加值所占比例达到了总产值的 50%以上。由

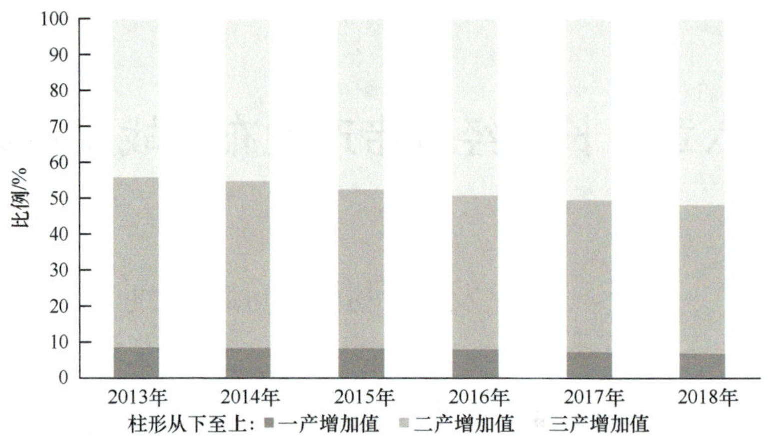

图 6-1　2013～2018 年长江经济带三次产业所占比例情况

数据来源：国家统计局

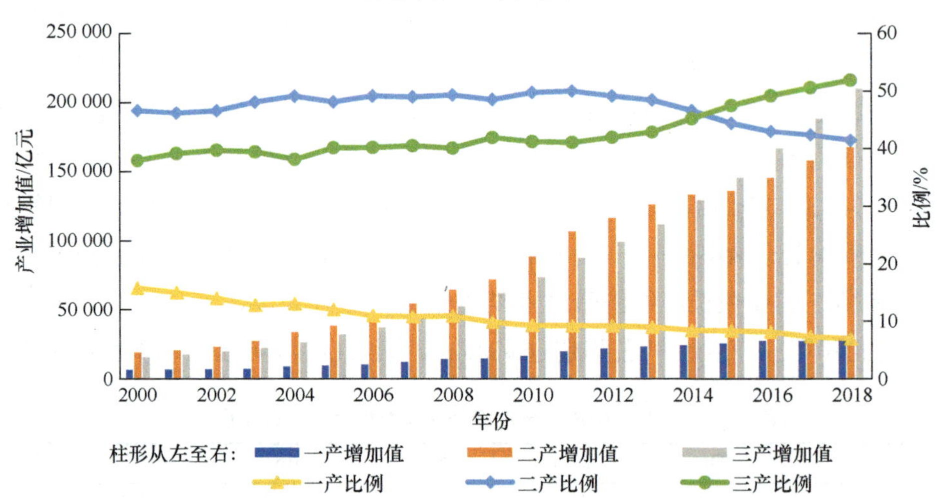

图 6-2　2000～2018 年长江经济带三次产业增加值及占全国比例

数据来源：国家统计局

此可见，随着国家对长江经济带生态化高质量发展的要求，区域第二产业经历了快速发展到增长缓慢的阶段，长江经济带第二、第三产业交替主导，其中下游地区产业结构分配合理，第三产业竞争力强，中上游地区则以第二产业为主，亟须通过产业转型升级、资源集约和生态约束的路径，实现经济发展与生态保护的平衡。

工业是农业现代化和第三产业发展的基础和前提，2000 年以来，长江经济带工业实现了持续的快速增长，工业增加值不断上升，占全国工业增加值的比例由 2000 年的 40.7%增加到 2018 年的 49.6%，增加了 8.9 个百分点。长江经济带横跨我国东中西部，是我国地区间发展不平衡不充分的缩影，其中长江下游地区工业比较发达，

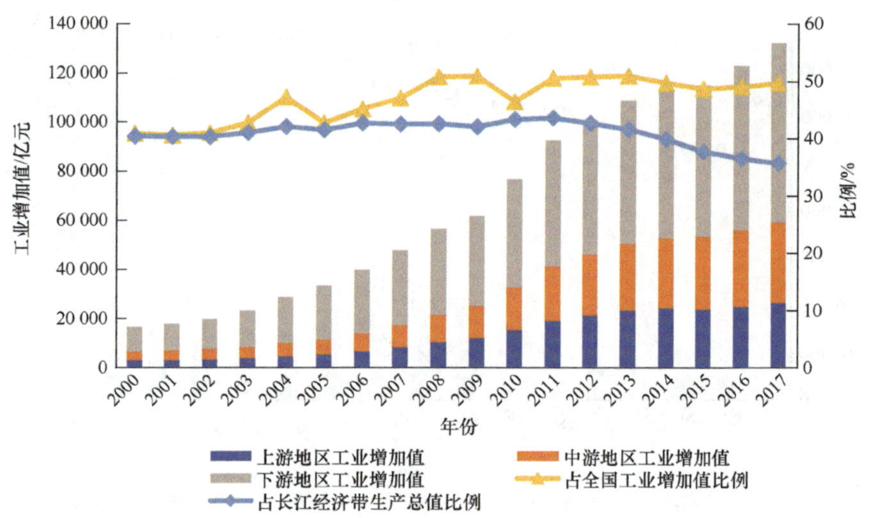

图 6-3　2000～2017 年长江经济带工业增加值及占比情况

数据来源：国家统计局

工业增加值占长江经济带区域总值的 50%以上，从长时间序列来看，上、中、下游经济所占比例逐渐发生变化，2000～2005 年下游地区所占比例呈上升趋势，从 2006 年开始所占比例逐渐下降，进一步反映上中游地区经济飞速发展的事实（本书研究区域界定为覆盖上海、江苏、浙江、安徽、江西、湖北、湖南、重庆、贵州、四川、云南 9 省 2 市，其中上游地区包括：重庆、四川、贵州和云南；中游地区包括：江西、湖北和湖南；下游地区包括：上海、江苏、浙江和安徽）。

长江经济带上、中、下游之间工业技术水平差距较为明显，下游地区优势突出。图 6-4 为 2000～2016 年上、中、下游高技术产业主营业务收入变化情况，2016 年，上、中、下游收入分别占长江经济带总量的 17.3%、16.5%和 66.2%，下游地区在长三角地区高技术产业发展的带动下，处于遥遥领先的位置。长江经济带区域的高技术产业主营收入从 2000 年的 3 712.4 亿元增长到 2016 年的 71 337.87 亿元，增长了 18.2 倍，占全国高技术产业主营收入的比例由 36.9%增长到 46.4%，长江经济带高技术产业规模不断扩大。

从区域各省市情况来看，图 6-5 为 2017 年长江经济带 11 省市工业增加值分布及所占比例情况，排名前三的分别是江苏、浙江和湖北，江苏是国际先进制造业和现代服务业集聚区，沿江地区重点发展了很多基础产业，形成了化工、冶金、装备制造和物流运输等产业，浙江主要是积极发展纺织、轻工、电子信息、交通信息等制造业，湖北位于长江经济带的中游地区，主要产业为汽车制造业、化工业、非金属矿物制品业、黑色金属冶炼及压延加工业等。工业产业呈现东部—中部—西部递减的态势。

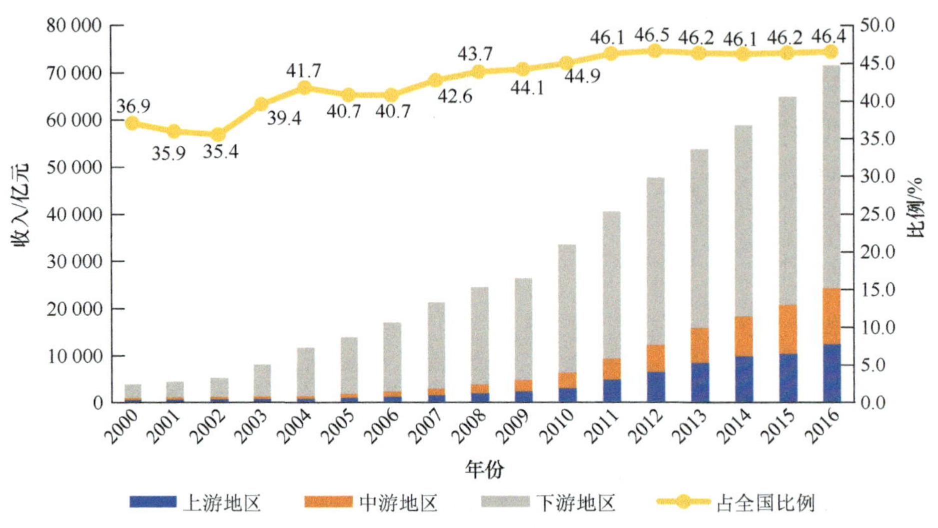

图 6-4　2000～2016 年长江经济带高技术产业主营业务收入及所占比例情况

数据来源：科技部、国家统计局和国家发展和改革委员会

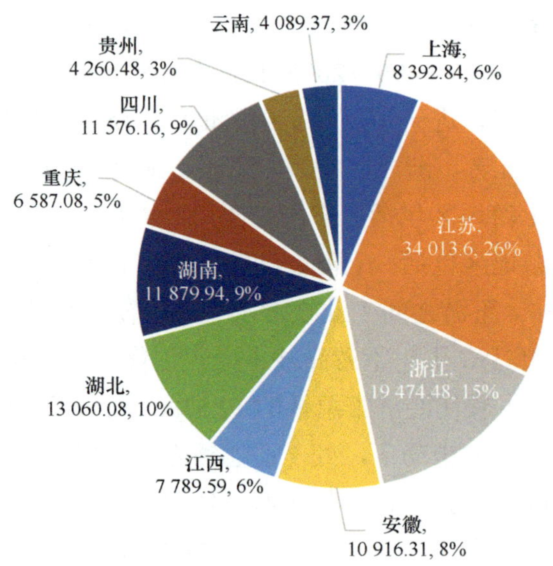

图 6-5　2017 年长江经济带 11 省市工业增加值及所占比例情况

数据来源：国家统计局

（二）长江经济带重点工业行业现状

1. 重点工业行业

在整个长江经济带工业行业的演变中，在时间尺度上遵循由传统制造业向高端

制造业发展的趋势，在空间尺度上呈现由发达地区向欠发达地区逐层推进的演化格局。2012年，长江经济带规模以上工业企业主营业务收入排名前五的行业依次为化工原料和化学制品制造业，计算机、通信和其他电子设备制造业，电气机械和器材制造业，黑色金属冶炼和压延加工业及汽车制造业，2016年，长江经济带规模以上工业企业主营业务收入排名前五的行业依次为计算机、通信和其他电子设备制造业，化工原料和化学制品制造业，电气机械和器材制造业，汽车制造业和非金属矿物制品业，五年中整个流域工业行业发展方向变化不大，黑色金属冶炼和压延加工业所占比例略有下降（表6-2）。“十三五”期间，国家提出提升长三角、长江中游、成渝三大城市群功能，发挥上海“四个中心”引领作用，发挥重庆战略支点和连接点的作用等，引导产业合理布局和有序转移，打造特色优势产业集群，培育壮大战略性新兴产业，建设集聚度高、竞争力强、绿色低碳现代产业走廊，各省市优先发展产业如表6-3所示，可以看出大部分省市都提出拓展产业链，以产业链的高度化来改造传统产业，并向新兴产业发展，但产业结构趋同是整个经济带面临的主要问题，其中上游地区产业存在整体质量较低、结构性矛盾突出和升级缓慢等问题，中游地区产业关联与协作效率低，区域整体效益差。

表6-2 2012～2016年长江经济带规模以上工业企业主营业务收入 （单位：亿元）

行业名称	2012年	2013年	2014年	2015年	2016年
电力、热力生产和供应业	20 434.14	21 254.21	20 999.80	21 095.14	20 572.44
电气机械和器材制造业	28 820.51	32 558.95	35 559.52	37 354.46	40 400.47
纺织服装、服饰业	8 559.59	9 648.88	10 560.50	11 183.70	11 545.98
纺织业	15 894.02	17 497.04	18 481.66	19 044.30	19 610.34
非金属矿采选业	1 873.98	2 235.92	2 454.96	2 659.65	2 834.84
非金属矿物制品业	15 986.20	19 379.38	21 971.53	22 975.27	25 228.94
废弃资源综合利用业	1 368.37	1 614.09	1 658.94	1 655.98	1 795.97
黑色金属矿采选业	1 761.79	2 071.17	2 059.69	1 740.72	1 690.66
黑色金属冶炼和压延加工业	27 043.35	29 361.30	27 907.83	23 855.44	23 614.81
化学纤维制造业	5 479.12	5 603.93	5 546.26	5 537.75	5 770.35
化工原料和化学制品制造业	33 344.92	37 583.25	40 404.02	40 906.93	43 292.32
计算机、通信和其他电子设备制造业	32 006.49	35 774.94	38 772.29	40 982.42	44 462.62
家具制造业	2 063.61	2 464.18	2 792.39	3 084.97	3 642.27
金属制品、机械和设备修理业	297.56	304.27	305.37	400.13	417.91
金属制品业	12 151.00	13 724.20	15 123.38	15 596.49	17 682.88
酒、饮料和精制茶制造业	6 416.71	7 430.46	7 910.68	8 650.77	9 552.25
开采辅助活动	617.73	529.48	432.35	343.16	304.08

续表

行业名称	2012 年	2013 年	2014 年	2015 年	2016 年
煤炭开采和洗选业	5 869.62	6 057.92	5 249.44	4 722.80	4 620.02
木材加工和木、竹、藤、棕、草制品业	4 085.42	4 857.04	5 288.75	5 630.85	6 194.18
农副食品加工业	16 544.96	19 321.97	21 256.28	22 784.54	25 021.08
皮革、毛皮、羽毛及其制品和制鞋业	3 715.03	4 115.85	4 545.51	4 727.15	5 033.55
其他采矿业	6.59	5.72	4.63	4.07	5.80
其他制造业	1 056.96	1 202.47	1 368.57	1 454.69	1 476.82
汽车制造业	23 475.64	27 188.40	31 380.21	34 234.35	39 954.67
燃气生产和供应业	1 385.32	1 633.29	2 157.18	2 947.46	2 487.37
石油和天然气开采业	657.61	706.64	807.43	751.54	671.44
石油加工、炼焦和核燃料加工业	8 567.55	9 273.15	9 272.10	8 034.11	7 861.41
食品制造业	4 870.94	5 681.64	6 374.77	7 022.46	7 793.85
水的生产和供应业	573.18	660.49	754.47	828.42	936.60
铁路、船舶、航空航天和其他运输设备制造业	8 635.63	8 786.95	9 350.48	9 726.10	9 723.03
通用设备制造业	18 473.77	21 023.58	23 021.30	23 737.14	24 933.78
文教、工美、体育和娱乐用品制造业	3 408.37	4 487.10	5 085.09	5 736.24	6 375.53
橡胶和塑料制品业	9 343.81	10 502.9	11 414.50	12 003.82	12 892.18
烟草制品业	5 099.52	5 622.26	6 088.37	6 405.50	6 032.72
医药制造业	7 653.60	8 909.12	10 155.16	11 425.87	12 764.43
仪器仪表制造业	4 203.78	4 777.99	5 284.14	5 492.51	6 038.56
印刷和记录媒介复制业	2 072.43	2 735.68	3 085.77	3 434.76	3 757.76
有色金属矿采选业	1 421.68	1 614.65	1 617.79	1 416.03	1 460.42
有色金属冶炼和压延加工业	19 092.20	21 627.92	23 325.60	23 288.86	23 899.48
造纸和纸制品业	4 831.06	5 049.70	5 401.08	5 660.63	6 076.16
专用设备制造业	12 605.93	14 193.03	15 145.03	15 787.41	17 266.78
总计	**381 769.69**	**429 071.11**	**460 374.82**	**474 324.59**	**505 696.75**

数据来源：科技部、国家统计局和国家发展和改革委员会。

表 6-3　长江经济带 11 省市优先发展产业

序号	地区	优先承接发展产业
下游地区	上海	电子信息、医药、机械、轨道交通、航空航天、船舶及海洋工程装备、汽车、钢铁、化工、食品、轻工、纺织、生产性服务业、智能制造装备、新能源、新材料
	江苏	电子信息、轨道交通、新能源、智能制造、新材料、节能环保产业、航天航空、生产性服务业、医药、汽车、机械、船舶及海洋工程装备、纺织、食品、化工、建材、有色金属、钢铁、轻工
	浙江	电子信息、汽车、航天航空、船舶及海洋工程装备、医药、节能环保产业、新材料、新能源、机械、轻工、纺织、建材、钢铁、有色金属、化工、智能制造装备
	安徽	电子信息、轻工、纺织、医药、食品、有色金属、化工、钢铁、建材、机械、汽车、轨道交通、航天航空、智能制造装备、新能源、生产性服务业

续表

序号	地区	优先承接发展产业
中游地区	江西	电子信息、医药、有色金属、航天航空、汽车、轨道交通、智能装备制造、钢铁、食品、纺织、建材、机械、轻工、新材料
	湖北	电子信息、智能制造、汽车、医药、新材料、机械、食品、轻工、纺织、新能源、轨道交通、航天航空、船舶及海洋工程装备、生产性服务业、化工、有色金属、钢铁、建材、节能环保产业
	湖南	机械、汽车、航天航空、轨道交通、化工、钢铁、有色金属、电子信息、建材、食品、纺织、轻工、医药、新材料、智能装备制造
上游地区	重庆	电子信息、汽车、机械、智能装备制造、新能源、新材料、轨道交通、船舶及海洋工程装备、航天航空、化工、医药、食品、轻工、纺织、生产性服务业
	四川	电子信息、轻工、纺织、医药、食品、有色金属、化工、钢铁、建材、机械、汽车、轨道交通、船舶及海洋工程装备、航天航空、新材料、智能装备制造、新能源、新材料、轨道交通、智能装备制造、新能源、生产性服务业、节能环保产业
	贵州	电子信息、医药、机械、汽车、航空航天、智能装备制造、轨道交通、新能源、化工、新材料、有色金属、钢铁、建材、食品、轻工、纺织、生产性服务业、节能环保产业
	云南	医药、食品、轻工、钢铁、有色金属、化工、建材、汽车、机械、电子信息、轨道交通、智能装备制造、新材料、纺织、航空航天

数据来源：中国指数研究院。

本研究选取与环境污染相关的九大重点行业，分别是农副食品加工业，纺织业，皮革、毛皮、羽毛及其制品和制鞋业，造纸和纸制品业，石油加工、炼焦和核燃料加工业，化工原料和化学制品制造业，医药制造业，非金属矿物制品业，有色金属冶炼和压延加工业，将 2017 年上、中、下游地区九大行业的主营业务收入进行分析，如图 6-6 所示，其中纺织业、化工原料和化学制品制造业及医药制造业三个行业占全国比例接近 50%。长江经济带是我国重要的石化、化肥、农药、涂料和无机化工原料的生产基地，在全国有着举足轻重的作用，据统计，2015 年长江经济带规模以上化工企业数量 12 158 家，占全国的 46%，化工行业产值 47 260 亿元，占全国的 41%。图 6-7 以化工原料和化学制品制造业为例，列举了全国和长江经济带 11 省市该行业主营业务收入所占比例情况，其中下游地区江苏（图 6-8）和浙江占长江经济带区域总量的 50%以上，江苏、浙江、上海和安徽是我国经济最发达的地区之一，也是以化工产品为原料的轻工产品包括纸、香精香料、化妆品、家电、皮革、塑料、日化品、玩具等的主要消费市场。

2. 主要产品产量

长江经济带工业总量大，区域间发展不充分，但潜力巨大。从主要工业产品产量和比例来看（图 6-9、图 6-10），化学农药原药产量，农用氮、磷、钾化肥产量和

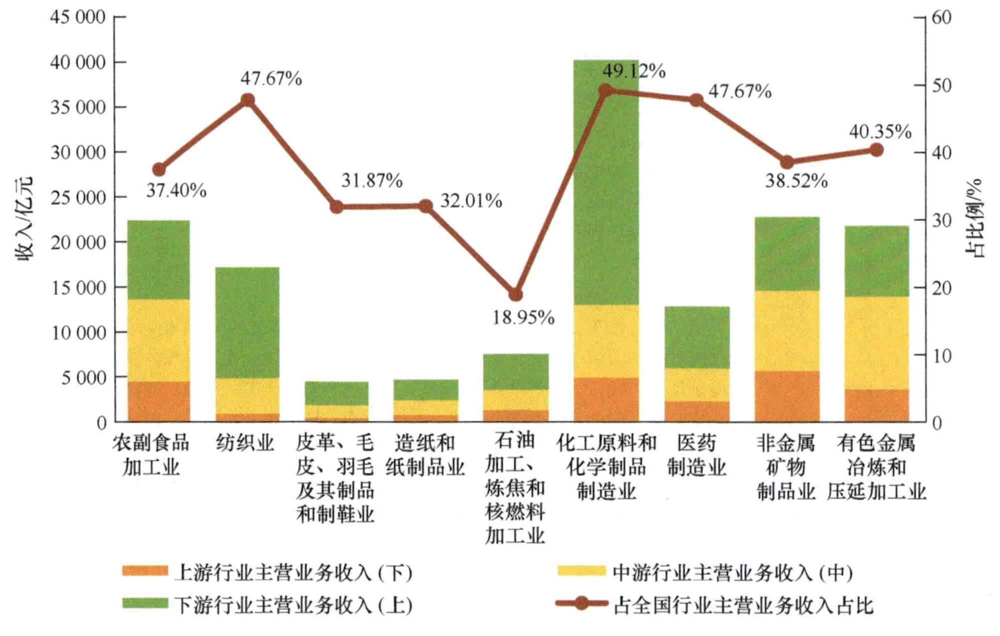

图 6-6　2017 年长江经济带九大重点行业主营业务收入及所占比例情况

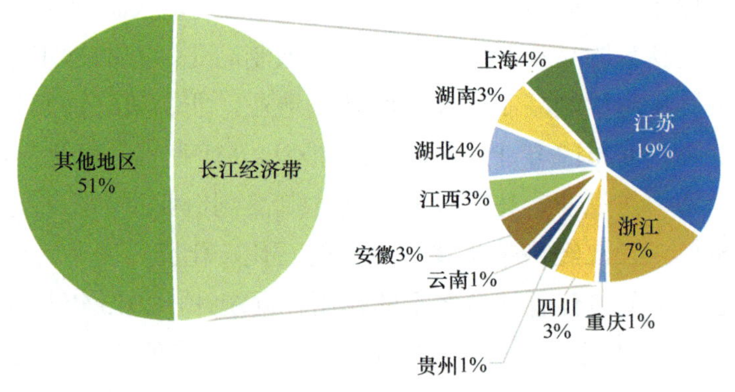

图 6-7　2017 年全国化工原料和化学制品制造业主营收入分析

水泥产量在全国占比较高，2013～2017 年一直保持在 40%以上，2013 年，化学农药原药产量为 184 万 t，占全国比例为 57.7%；农用氮、磷、钾化肥产量为 3 527.48 万 t，占全国比例为 50.1%；水泥产量为 112 449.15 万 t，占全国比例为 46.5%。2017 年，化学农药原药产量为 191.98 万 t，占全国比例为 77.6%，上升 19.9 个百分点；农用氮、磷、钾化肥产量为 2 619.52 万 t，占全国比例为 44.5%，下降 5.6 个百分点；水泥产量为 11 777 221.15 万 t，占全国比例为 50.5%，上升 4 个百分点。

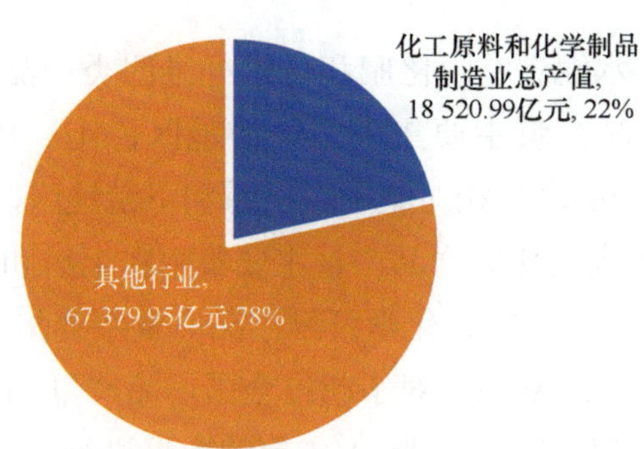

图 6-8 2017 年江苏省地区生产总值及化工原料和化学制品制造业所占比例

数据来源：科技部、国家统计局和国家发展和改革委员会

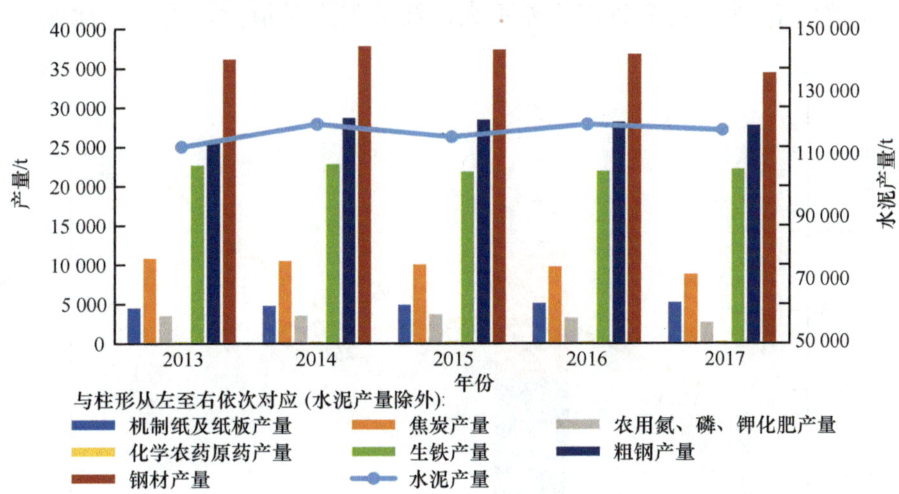

图 6-9 2013～2017 年长江经济带八类主要产品产量

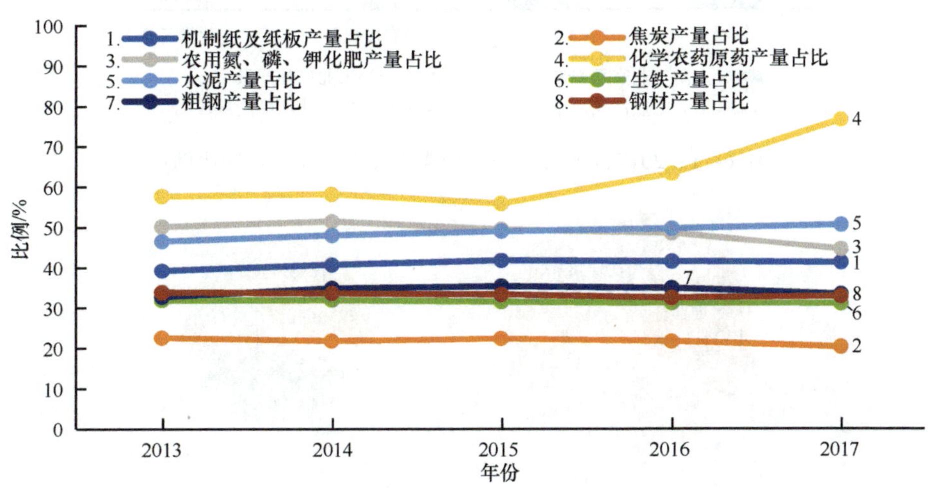

图 6-10 2013～2017 年长江经济带八类主要产品产量占全国比例

数据来源：经济预测系统（economy prediction system，EPS）统计数据库

针对2017年钢材、水泥、农用化肥和化学纤维四类产品产量（图6-11），从上、中、下游来看，钢材产品产量主要集中在下游地区，上、中、下游产品产量比为16.0∶24.1∶59.9；水泥产品产量相对集中在上游和下游地区，上、中、下游产品产量比为36.6∶27.3∶36.2；农用化肥产品产量主要集中在上游和中游地区，上、中、下游产品产量比为51.7∶30.4∶17.9；化学纤维产品产量主要集中在下游地区，上、中、下游产品产量比为3.6∶2.2∶94.2。对于超过全国产品产量50%的水泥行业和化学纤维行业，将2017年全国和长江经济带11省市的数据进行统计，如图6-12和图6-13所示，可以看出，化学纤维产品产量主要集中在浙江和江苏，水泥产品产量则分布较为均匀，除上海外，其余省市相差不大，江苏省产量最大，占全国比例为7%。

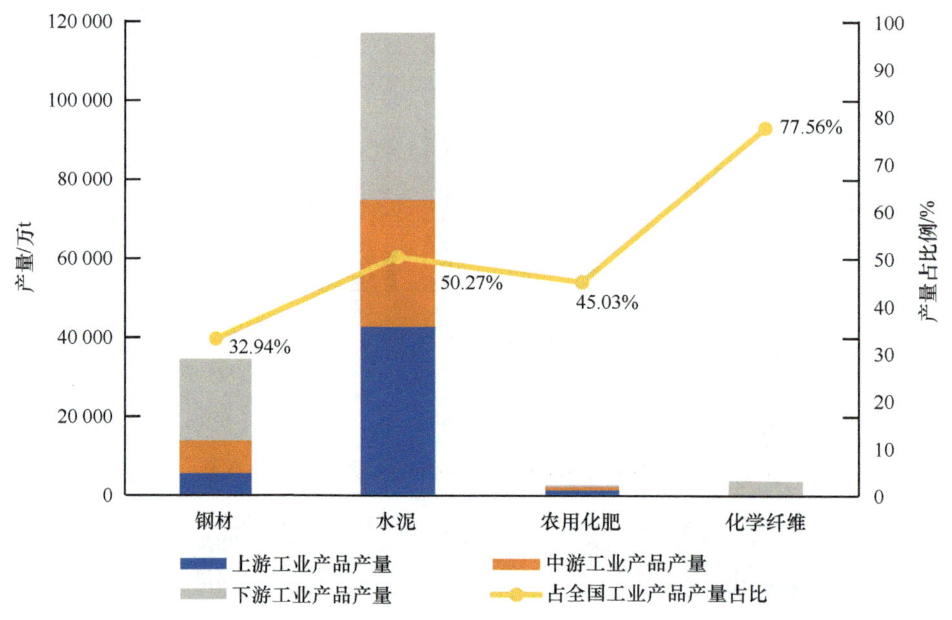

图6-11　2017年长江经济带四类产品产量及占全国比例

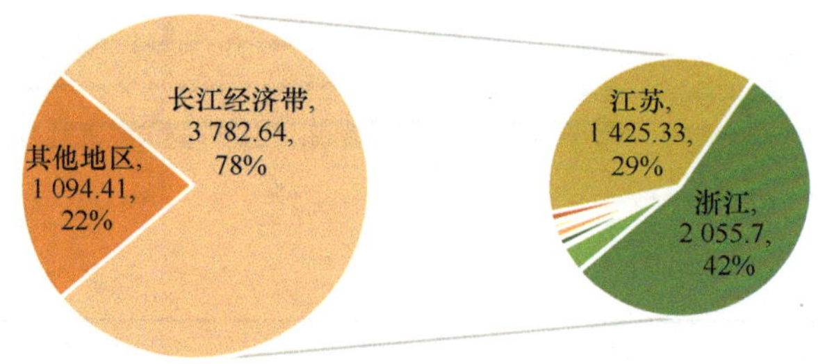

图6-12　2017年全国化学纤维产品产量分析（万t）

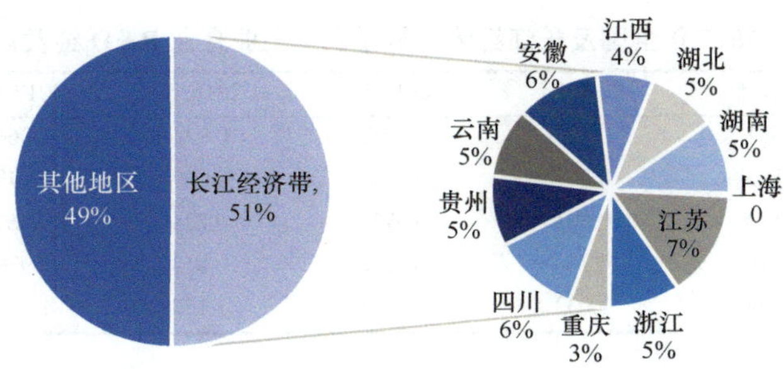

图 6-13 2017 年全国水泥产品产量分析

数据来源：EPS 统计数据库

（三）长江经济带产业创新发展现状

1. 规模以上工业企业创新投入

长江经济带是全国创新资本集聚的核心区域，工业部门研究与发展（research and development，R&D）经费内部支出规模较大、强度较高。经费投入能够用于各种设备、基础设施的购买和人员劳务费的发放。如图 6-14 和表 6-4 所示，2013～2017 年长江经济带规模以上工业企业 R&D 经费内部支出呈上升趋势，本研究通过 R&D 经费内部支出/主营业务收入计算 R&D 经费内部支出强度，可以看出，规模以上工业企业 R&D 经费内部支出强度呈快速增长趋势，由 2013 年的 0.853 增长为

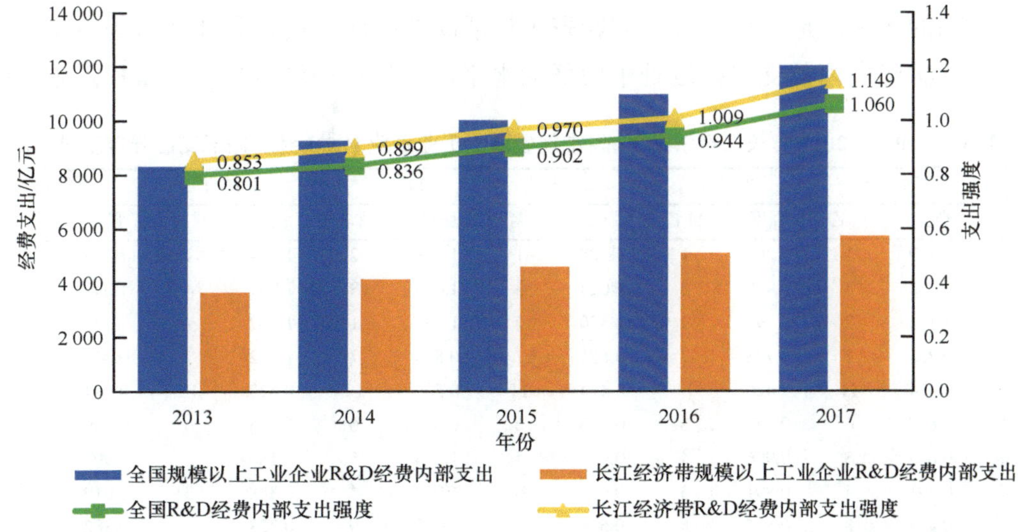

图 6-14 2013～2017 年全国及长江经济带规模以上工业企业 R&D 经费内部支出总量及强度

数据来源：EPS 统计数据库

表 6-4　2013～2017 年全国及长江经济带规模以上工业企业 R&D 经费内部支出强度

地区	2013 年	2014 年	2015 年	2016 年	2017 年	平均增速/%
全国	0.801	0.836	0.902	0.944	1.060	6.75
长江经济带	0.853	0.899	0.970	1.009	1.149	7.08
上游地区	0.564	0.601	0.670	0.724	0.867	10.51
中游地区	0.716	0.760	0.817	0.845	0.979	7.21
下游地区	0.978	1.033	1.113	1.157	1.298	6.83

2017 年的 1.149，平均增速为 7.08%，高于全国平均增速（6.75%），说明长江经济带各区域都十分重视资金的投入。分地区来看，长江经济带的上游地区产业发展起步较晚、基数较低，平均增速显著，规模以上工业企业 R&D 经费内部支出强度由 2013 年的 0.564 增长为 2017 年的 0.867，平均增速为 10.51%，可以看出上游地区非常重视科技创新的投入。三大区域中，下游地区增长率最低，主要由于基数较大，2017 年规模以上工业企业 R&D 经费内部支出强度达到 1.298，超过全国支出强度，充足的资金投入能增强长江经济带工业创新能力，为长江经济带成为全国创新驱动主要策源地提供了要素支撑。

长江经济带 11 省市规模以上工业企业 R&D 经费内部支出强度差异显著，呈明显分异特征。表 6-5 为 2013～2017 年 11 省市规模以上工业企业 R&D 经费内部支出强度及排名情况，可以看出各省市支出强度差距呈扩大态势。上海、江苏、浙江、重庆、湖北和湖南一直处于第一梯队，规模以上工业企业 R&D 经费内部支出强度处于较高的水平，是长江经济带创新资本最活跃的区域。贵州和江西规模以上工业企业 R&D 经费内部支出强度处于较低的水平，是长江经济带科技力量投入强度的

表 6-5　2013～2017 年长江经济带 11 省市规模以上工业企业 R&D 经费内部支出强度及排名

省市	2013 年		2014 年		2015 年		2016 年		2017 年		平均	
	强度	排名	强度	排名	强度	排名	强度	排名	强度	排名	强度	排名
上海	1.169	1	1.266	1	1.388	1	1.428	2	1.424	2	1.335	1
江苏	0.928	3	0.970	3	1.024	3	1.059	3	1.231	4	1.042	3
浙江	1.116	2	1.193	2	1.350	2	1.430	1	1.567	1	1.331	2
安徽	0.733	7	0.773	7	0.825	7	0.879	7	1.012	7	0.844	7
江西	0.414	11	0.420	11	0.454	11	0.506	10	0.623	10	0.484	11
湖北	0.817	6	0.877	6	0.943	6	0.973	6	1.085	6	0.939	6
湖南	0.849	5	0.926	4	0.996	4	1.004	5	1.186	5	0.992	5
重庆	0.891	4	0.891	5	0.955	5	1.012	4	1.348	3	1.019	4
四川	0.473	8	0.515	8	0.579	9	0.619	9	0.723	9	0.582	9
贵州	0.466	9	0.474	10	0.463	10	0.498	11	0.609	11	0.502	10
云南	0.452	10	0.499	9	0.630	8	0.731	8	0.758	8	0.614	8

“洼地”。整体而言，长江经济带 11 省市规模以上工业企业 R&D 经费内部支出强度均有一定的浮动，但工业发展基础扎实、经济发展水平高的区域，支出强度相对较高。

2. 规模以上工业企业人员投入

科研人员是创新活动的主要参与者，是技术开发和创新实力发展的主要推动力。从图 6-15 和表 6-6 可以看出，2013～2016 年长江经济带规模以上工业企业 R&D 人员变化趋势，长江经济带整体数量由 2013 年的 155.3 万人增加到了 2016 年的 195.7 万人，2013～2016 年长江经济带规模以上工业企业 R&D 人员占全国 R&D 人员比例分别为：46.0%、46.6%、48.4%和 48.8%，整体浮动较小，本研究通过规模以上工业企业 R&D 人员/规模以上工业企业平均用工人数计算规模以上工业企业 R&D 人员投入比例，可以看出，规模以上工业企业 R&D 人员投入比例呈快速增长趋势，由 2013 年的 3.783 增长为 2016 年的 4.694，平均增速为 7.36%，远高于全国平均增速（5.19%），说明长江经济带各区域都十分重视科研人员的投入，R&D 人员在长江经济带的集聚程度在全国处于领先水平。从上、中、下游来看，长江经济带规模以上工业企业 R&D 人员投入比例总体呈现下游、中游、上游梯度递减的空间分异特征，地区间差距逐步扩大。上游地区规模以上工业企业 R&D 人员投入比例呈高速增长的趋势，由 2013 年的 2.489 增长到 2016 年的 3.350，平均增速 8.92%，增速高于中下游地区，但规模以上工业企业 R&D 人员投入比例仍处于较低的水平。总体来看，上游地区规模以上工业企业 R&D 人员投入比例提升最快，下游地区规模以上工业企业 R&D 人员投入比例水平最高。

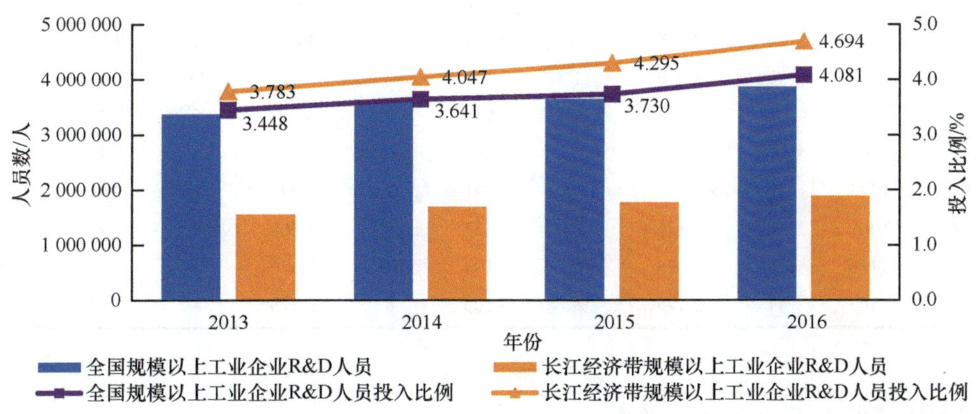

图 6-15　2013～2016 年全国及长江经济带规模以上工业企业 R&D 人员投入总量及比例

数据来源：EPS 统计数据库

表 6-6 2013～2016 年全国及长江经济带规模以上工业企业 R&D 人员投入比例

地区	2013 年/%	2014 年/%	2015 年/%	2016 年/%	平均增速/%
全国	3.448	3.641	3.730	4.081	5.19
长江经济带	3.783	4.047	4.295	4.694	7.36
上游地区	2.489	2.724	2.828	3.350	8.92
中游地区	3.008	3.095	3.264	3.649	5.86
下游地区	4.469	4.832	5.152	5.532	7.35

长江经济带 11 省市规模以上工业企业 R&D 人员投入比例也存在显著差异，呈明显分异特征。表 6-7 为 2013～2016 年 11 省市规模以上工业企业 R&D 人员投入比例及排名情况，可以看出各省市人员投入比例差距呈扩大态势。上海、江苏、浙江、安徽和湖北一直处于第一梯队，规模以上工业企业 R&D 人员投入比例处于较高的水平，是长江经济带创新人员最密集的区域。四川、贵州、云南和江西规模以上工业企业 R&D 人员投入比例处于较低的水平，创新人才集聚规模较低。整体而言，长江经济带 11 省市规模以上工业企业 R&D 人员投入比例均有一定的浮动，经济发展水平较高的下游地区科研创新人才的投入比例更高，对高技术人才更具有吸引力。

表 6-7 2013～2016 年长江经济带 11 省市规模以上工业企业 R&D 人员投入比例及排名

省市	2013 年		2014 年		2015 年		2016 年		平均	
	比例/%	排名	比例/%	排名	比例/%	排名	比例/%	排名	比例/%	排名
上海	4.498	2	5.030	1	5.338	2	5.548	2	5.104	2
江苏	4.440	3	4.817	3	5.018	3	5.486	3	4.940	3
浙江	4.687	1	5.012	2	5.710	1	6.007	1	5.354	1
安徽	4.056	4	4.348	4	4.312	4	4.686	4	4.351	4
江西	1.973	10	1.996	11	1.965	11	2.472	11	2.101	11
湖北	3.724	5	3.656	5	3.947	5	4.350	5	3.919	5
湖南	2.997	7	3.282	7	3.565	6	3.874	6	3.430	7
重庆	3.174	6	3.511	6	3.391	7	3.793	7	3.467	6
四川	2.400	8	2.676	8	2.657	9	3.268	9	2.751	8
贵州	2.186	9	2.028	10	2.199	10	2.676	10	2.272	10
云南	1.967	11	2.175	9	3.005	8	3.473	8	2.655	9

3. 规模以上工业劳动生产率

长江经济带工业发展处于由规模扩张阶段转向创新驱动的高质量发展阶段，极大地推动了全国工业生产效率的提升，通过规模以上工业企业工业销售产值/规模以上工业企业平均用工人数来衡量工业劳动生产率，如图 6-16 和表 6-8 所示，2013～2016 年长江经济带规模以上工业企业劳动生产率稳步增长，由 2013 年的 102.57 万元/人上升到 2016 年的 124.90 万元/人，平均增速为 6.68%，超过了全国平均水平（5.05%）。可以看出，规模以上工业企业劳动生产率稳步提升，其中上游地区规模以上工业企业劳动生产率呈快速增长态势，由 2013 年的 90.07 万元/人上升到 2016 年的 120.04 万元/人，平均增速为 9.96%，远高于中下游地区；中游地区规模以上工业企业劳动生产率由 2013 年的 103.93 万元/人上升到 2016 年的 125.93 万元/人，平均增速为 6.51%；下游地区规模以上工业企业劳动生产率由 2013 年的 105.90 万元/人上升到 2016 年的 126.00 万元/人，平均增速为 5.77%。总体来看，上、中、下游规模以上工业企业劳动生产率的空间差异正在逐渐缩小，上游地区工业生产效率提升的后发优势正在逐步显现。

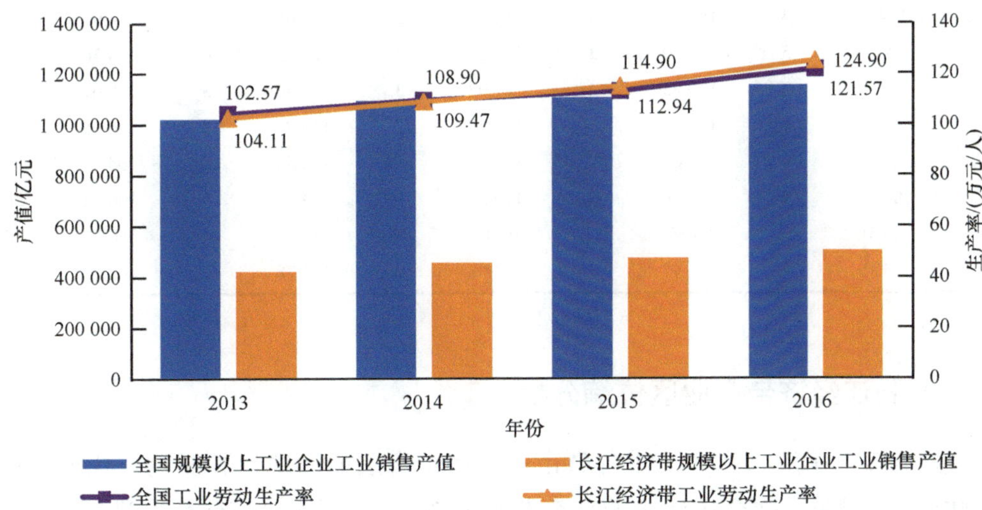

图 6-16　2013～2016 年全国及长江经济带规模以上工业企业工业销售产值及劳动生产率

表 6-8　2013～2016 年全国及长江经济带规模以上工业企业劳动生产率

地区	2013 年/（万元/人）	2014 年/（万元/人）	2015 年/（万元/人）	2016 年/（万元/人）	平均增速/%
全国	104.11	109.47	112.94	121.57	5.05
长江经济带	102.57	108.90	114.90	124.90	6.68
上游地区	90.07	98.39	107.02	120.04	9.96
中游地区	103.93	108.99	116.88	125.93	6.51
下游地区	105.90	112.12	116.55	126.00	5.77

数据来源：EPS 统计数据库。

长江经济带11省市规模以上工业企业劳动生产率存在一定差异，呈明显分异特征。表6-9为2013～2016年11省市规模以上工业企业劳动生产率及排名情况，可以看出部分省市数据有一定的浮动性，上海、江苏、湖北、安徽和江西处于第一梯队，规模以上工业企业劳动生产率处于较高的水平，是长江经济带工业生产效率高地区。浙江和贵州规模以上工业企业劳动生产率处于较低的水平。整体而言，工业基础扎实、生产技术先进可以提高工业生产率，长江经济带11省市规模以上工业企业劳动生产率差异正在逐步缩小。

表6-9　2013～2016年长江经济带11省市规模以上工业企业劳动生产率及排名

省市	2013年		2014年		2015年		2016年		平均	
	强度	排名	强度	排名	强度	排名	强度	排名	强度	排名
上海	123.02	1	131.31	1	133.56	1	144.22	1	133.03	1
江苏	115.33	2	123.00	2	129.49	2	140.15	2	126.99	2
浙江	85.19	10	89.81	10	91.15	11	96.52	11	90.67	11
安徽	104.59	4	108.83	5	114.17	5	128.08	4	113.92	5
江西	104.15	5	114.70	3	116.24	4	122.35	6	114.36	4
湖北	110.05	3	110.85	4	124.02	3	137.54	3	120.61	3
湖南	97.35	6	102.63	6	109.70	7	116.91	8	106.65	6
重庆	91.35	8	100.60	7	109.09	8	120.53	7	105.39	8
四川	89.71	9	99.49	9	110.35	6	124.51	5	106.02	7
贵州	83.51	11	88.39	11	96.12	10	111.70	10	94.93	10
云南	95.15	7	100.47	8	102.08	9	111.78	9	102.37	9

（四）长江经济带产业区位熵分析

为更加深入了解长江经济带各省市产业在全国层面的地位和影响，我们采用区位熵的方法，对第二次全国污染源普查获得的2017年工业总产值数据进行分析。区位熵是指一个地区特定部门的产值在地区工业总产值中所占的比例与全国该部门产值在全国工业总产值中所占比例之间的比值。在区域经济学中，通常用区位熵来判断一个产业是否构成地区专业化部门。

区位熵的计算公式如下（彭智敏和冷成英，2015）：

$$\mathrm{LQ}_{ij}=\frac{Q_{ij}}{\sum_{j=1}^{n}Q_{ij}}\times\frac{\sum_{i=1}^{m}Q_{ij}}{\sum_{i=1}^{m}\sum_{j=1}^{n}Q_{ij}}$$

式中，m 为地区数量；n 为产业部门数量；LQ_{ij} 为 i 地区 j 部门的区位熵；Q_{ij} 为 i 地区 j 部门的总产值。

根据区位熵大于 1、等于 1 和小于 1，将地区产业分别划分为优势区位产业、均势区位产业和劣势区位产业，其中当区位熵大于 1.5 时，认为该地区该产业有明显的比较优势。

根据计算结果（表 6-10），长江经济带各省市的产业主要呈现以下特征。

表 6-10　长江经济带工业各行业 2017 年区位熵指数

行业	上海	江苏	浙江	安徽	江西	湖北	湖南	重庆	四川	贵州	云南
农、林、牧、渔专业及辅助性活动	0.03	0.13	0.01	0.64	3.58	0.56	0.20	0.05	1.12	3.54	6.58
煤炭开采和洗选业	0.00	0.06	0.00	1.26	0.10	0.01	0.18	0.29	0.55	4.22	0.74
石油和天然气开采业	0.00	0.03	0.00	0.00	0.00	0.11	0.00	0.62	3.22	0.00	0.00
黑色金属矿采选业	0.00	0.10	0.02	2.51	0.25	0.50	0.07	0.27	3.65	0.30	4.79
有色金属矿采选业	0.00	0.01	0.10	0.53	3.44	0.55	1.95	0.01	2.63	1.56	13.35
非金属矿采选业	0.00	0.18	0.67	1.17	2.75	2.10	2.42	1.30	1.78	8.87	5.92
开采专业及辅助性活动	0.00	0.01	0.00	0.76	0.18	0.47	0.00	0.26	0.81	1.29	0.78
其他采矿业	0.00	1.14	1.57	0.03	0.00	0.06	0.05	0.34	1.65	9.94	0.00
农副食品加工业	0.18	0.29	0.20	0.52	0.68	0.63	0.83	0.40	0.62	0.33	0.70
食品制造业	1.04	0.53	0.71	1.01	0.68	1.17	0.91	0.63	1.32	1.51	1.22
酒、饮料和精制茶制造业	0.56	0.54	0.53	1.41	1.27	1.44	1.04	0.52	5.38	11.63	2.48
烟草制品业	2.33	0.54	0.67	0.69	1.24	2.39	5.33	0.79	1.45	5.53	14.45
纺织业	0.28	1.89	3.20	0.57	0.75	1.11	0.42	0.10	0.37	0.09	0.09
纺织服装、服饰业	0.49	1.18	1.93	0.84	1.05	0.82	0.21	0.20	0.49	0.11	0.07
皮革、毛皮、羽毛及其制品和制鞋业	0.27	0.47	2.49	1.67	1.60	0.91	1.08	0.24	0.55	0.10	0.04
木材加工和木、竹、藤、棕、草制品业	0.35	0.94	1.19	1.49	1.82	1.29	0.90	0.57	0.78	0.74	0.79
家具制造业	0.69	0.75	2.11	0.71	3.04	0.35	0.34	0.52	1.94	0.27	0.20
造纸和纸制品制造业	0.50	0.88	1.51	0.45	1.00	0.68	1.03	0.95	0.94	0.47	0.54
印刷和记录媒介复制业	1.27	0.90	2.13	0.83	0.58	1.02	1.18	0.77	1.16	0.45	1.31
文教、工美、体育和娱乐用品制造业	0.92	0.83	2.17	0.87	1.01	0.58	0.38	0.09	0.18	0.19	0.08
石油、煤炭及其他燃料加工业	0.54	0.52	0.42	0.45	0.66	0.74	0.80	0.02	0.64	0.23	0.68
化工原料和化学制品制造业	1.56	1.26	1.15	0.83	0.82	1.24	0.67	0.65	1.00	1.21	1.19
医药制造业	1.15	1.25	0.98	0.73	1.35	1.10	0.91	0.95	1.40	2.30	1.70
化学纤维制造业	0.09	1.92	4.65	0.31	0.62	0.18	0.35	0.24	0.62	0.02	0.20
橡胶和塑料制品业	1.08	1.19	1.83	1.04	0.58	0.59	0.40	0.65	0.89	0.98	0.34
非金属矿物制品业	0.34	0.60	0.69	1.53	2.14	1.22	1.55	1.20	1.56	2.54	1.64
黑色金属冶炼和压延加工业	0.56	0.92	0.39	1.12	1.07	0.95	1.07	0.49	1.03	0.64	1.21
有色金属冶炼和压延加工业	0.22	0.51	0.67	1.81	3.31	0.70	2.03	0.61	0.56	1.12	3.90
金属制品业	1.05	1.42	1.57	1.01	0.83	0.62	0.63	0.50	0.60	0.49	0.29

续表

行业	上海	江苏	浙江	安徽	江西	湖北	湖南	重庆	四川	贵州	云南
通用设备制造业	2.25	1.67	1.93	0.98	0.50	0.52	0.61	0.74	0.87	0.24	0.38
专用设备制造业	1.96	1.63	1.23	0.84	0.29	0.48	1.59	0.39	0.71	0.37	0.17
汽车制造业	1.71	0.83	0.88	1.15	0.77	2.97	1.38	2.95	1.29	0.14	0.14
铁路、船舶、航空航天和其他运输设备制造业	1.41	1.34	0.96	0.29	0.12	1.09	2.05	3.71	0.74	0.45	0.24
电气机械和器材制造业	1.09	1.57	1.37	1.87	1.27	1.05	1.20	0.87	0.62	0.29	0.28
计算机、通信和其他电子设备制造业	1.87	1.51	0.47	0.78	0.59	0.54	0.57	2.68	1.30	0.86	0.14
仪器仪表制造业	2.60	2.18	1.41	0.68	1.10	0.77	0.93	1.00	0.70	0.19	0.27
其他制造业	1.60	1.55	1.72	1.02	0.51	0.34	0.41	5.23	0.31	0.84	0.08
废弃资源综合利用业	0.36	0.56	1.64	1.41	3.60	1.42	1.17	0.90	1.15	1.13	1.08
金属制品、机械和设备修理业	2.46	1.09	0.38	0.40	0.05	0.55	1.46	1.12	0.58	0.58	0.06
电力、热力生产和供应业	0.39	0.71	0.75	1.28	0.91	0.65	0.76	0.53	0.71	1.85	0.32
燃气生产和供应业	0.13	0.45	0.19	0.78	0.81	0.26	0.52	1.01	1.85	0.79	0.26
水的生产和供应业	0.62	0.63	0.93	0.68	1.23	1.22	2.99	1.43	1.49	1.80	1.81
优势区位产业数量	16	16	19	17	18	15	17	10	20	16	15
比较优势产业数量	9	8	14	5	9	3	8	4	9	12	10

第一，资源禀赋类行业呈现很强的资源产出地高比较优势现象。例如，农业资源条件好、农业生产规模和水平比较高的江西、贵州、云南在农、林、牧、渔专业及辅助性活动的区位熵分别为3.58、3.54和6.58；我国有色金属矿物主产区的江西、湖南、四川、贵州、云南，在有色金属矿采选业的区位熵分别达到3.44、1.95、2.63、1.56、13.35；安徽、四川、云南在黑色金属矿采选业的区位熵分别达到2.51、3.65、4.79；除上海、江苏、浙江外，长江经济带其他省份在非金属矿采选业、非金属矿物制品业的区位熵均大于 1，在国内具有相当重要的位置。这种产业集聚与地区资源禀赋有很大关联，多表现在产业链上游的农业、采掘业等行业衍生产生的比较优势，主要是由地区的资源禀赋导致。

第二，传统优势类行业表现出由地区特殊的历史条件和自然环境带来很强的比较优势。例如，湖南、贵州、云南的烟草制品业的区位熵分别达到5.33、5.53、14.45，这三省的烟草品牌在国内有很重要的位置，四川和贵州的酒、饮料和精制茶制造业的区位熵分别达到5.38、11.63，这与两省拥有独特的酿酒环境优势和历史文化有极大联系。很多地区在传统优势类行业已经培育了具有强大影响力的品牌，拥有一定的历史积淀，具有其余地区不可企及的独特优势。

第三，下游地区加工贸易类行业占据着领先地位。江苏、浙江的纺织业区位熵分别为 1.89、3.20，纺织服装、服饰业的区位熵分别达到 1.18、1.93，在服装生产、贸易方面具有较大优势。浙江、安徽的皮革、毛皮、羽毛及其制品和制鞋业的区位熵分别达到 2.49 和 1.67，在木材加工和木、竹、藤、棕、草制品业的区位熵分别达到 1.19 和 1.49。此外，浙江在家具制造业，造纸和纸制品制造业，印刷和记录媒介复制业，文教、工美、体育和娱乐用品制造业的区位熵分别达到了 2.11、1.51、2.13、2.17，在全国均具有明显的比较优势。

第四，重大布局类行业具有投资额大、产业链长、带动作用强的特点，在国民经济中占有非常重要的地位，多由中央企业投资，企业的战略布局也极大地影响了行业的集聚状态。例如，上海、江苏、浙江、湖北、贵州、云南是重要的化工、医药重要布局地，在化工原料和化学制品制造业、医药制造业都具有一定优势，这与长江黄金水道的重要自然优势条件分不开。上海、湖北和重庆分别作为上汽、东风和长安三大汽车集团所在地，设有多个生产厂和配套零部件企业，三省汽车制造业的区位熵分别达到 1.71、2.97、2.95，产业集聚明显。

二、产业发展的环境压力与风险预判

（一）水污染行业情况

1. 长江经济带工业行业水污染排放口情况

就分布情况来看，水污染行业在长江经济带区域分布较为广泛，在长江流域的主要干流沿线和企业分布区分布较为密集。污染排放主要集中在长江流域下游江浙地区、上游川渝地区和中游鄱阳湖、洞庭湖两湖地区。其中排污口分布最多的省份为浙江省，有 3 万余个排污口，主要排污行业为化纤织造加工，金属表面处理及热处理加工，豆制品制造，眼镜制造，汽车零部件及配件制造，水产品冷冻加工，棉印染精加工，化纤织物染整精加工，米、面制品制造，钢压延加工行业。其次是江苏省，有近 2 万个排污口，主要排污行业为化纤织造加工、金属表面处理及热处理加工、棉印染精加工、化纤织物染整精加工、金属结构制造、汽车零部件及配件制造、肉制品及副产品加工、有机化学原料制造、化学试剂和助剂制造、机械零部件加工。

整体而言，长江干流与支流沿岸 5km 排污行业数量多的为农副食品加工行业、水的生产和供应业及部分材料加工行业，主要污染物和指标以化学需氧量、氮和磷为主。但废水排放量最大的行业为炼铁、自来水生产和供应、原油加工及石油制品制造、机制纸及纸板制造、棉印染精加工、炼钢、显示器件制造、钢压延加工行业，废水排放量均超过千万立方米；化学需氧量排放最多的行业是无机碱制造、棉印染精加工、机制纸及纸板制造、化学药品原料药制造，化学需氧量排放超过千吨。总氮排放量最多的行业是化学农药制造、化学药品原料药制造、有机化学原料制造、棉印染精加工、炼铁、工业颜料制造、自来水生产和供应、牲畜屠宰行业，排放量超过百吨。总磷排放量最多的行业为汽柴油车整车制造、蔬菜加工、牲畜屠宰、棉印染精加工行业，排放量超过十吨。

2. 长江经济带工业行业水污染排放总量情况

从沿江 11 省市水污染情况综合来看，化学需氧量、氨氮、总氮、总磷等主要污染物排放量较多的省份为湖南省、江苏省和湖北省，产生量较少的省份为上海市；重金属产生量较多的省份为江西省和四川省，产生量较少的城市为重庆市。从工业行业污染排放分布来看，化工原料和化学制品制造业、纺织业及农副食品加工业主要污染物（化学需氧量、氨氮、总氮、总磷等）排放量均较大。

“十四五”时期，长江经济带的生态环境分区管治应当注意强化沿江生态保护和修复，明确水资源开发利用红线，既要充分利用长江流域的黄金水道，又要谨防长江成为沿江城市的下水道；引导沿江产业有序转移，加快沿江产业的分工协作，既要消除长江经济带内部的区域差异，又不能转移高污染产业；区分环境管理底线与上限，实施环境组合管理，将激励机制引入环境管理（杜雯翠和江河，2019）。

3. 长江经济带工业磷污染分析

长江经济带工业总磷污染主要来源于磷矿开采、磷化工两个行业。

（1）磷矿开采行业

长江经济带中的湖北、湖南、四川、云南、贵州 5 省是我国磷矿主要开采区（表 6-11）。5 省存在粗放开采、末端治理不严导致磷污染的现象。5 省磷矿已查明资源储量（矿石量）134.4 亿 t，占全国的 76.3%，按矿区矿石平均品位计算，5 省份磷矿资源储量（P_2O_5 量）28.69 亿 t，占全国的 90.3%。云南省的大型磷矿较多，其总储量也最高；湖北省和贵州省的磷矿数量较多，主要以中型和小型磷矿为主；四川省和湖南省的磷矿数量相对较少，也是以中型和小型磷矿为主。2012 年，全国从事磷矿采掘业的矿山企业 359 个，磷矿石的产量达 9 529.46 万 t。其中，湖北省磷矿石的产量达 3 515.8 万 t，占全国总产量的 36.89%；云南省、贵州省和四川省，分别占总产量的 25.29%、23.95%和 12.44%；四省磷矿石产量占全国的 98.57%，开采十分集中。

表 6-11　我国磷矿资源较为丰富的省份

排名	省份	矿石量		P_2O_5 量		平均品位/%
		储量/亿 t	全国占比/%	储量/亿 t	全国占比/%	
1	云南	40.2	22.8	8.94	28.2	22.2
2	湖北	30.4	17.3	6.80	21.4	22.3
3	贵州	27.8	15.8	6.20	19.5	22.3
4	四川	16.0	9.1	3.50	11.0	21.2
5	湖南	20.0	11.3	3.25	10.2	16.0

中低品位磷矿居多，开采工艺落后，极易发生磷的流失。我国磷矿资源虽然比较丰富，但与世界有关国家相比，在矿石质量、可选性和开采等方面都有较大的差距。一是富矿少，中低品位矿多。在已探明的磷矿储量中，P_2O_5 大于 30%的富矿仅 10.8 亿 t，占总储量的 8.2%，而且主要集中在云南省和贵州省。我国磷矿石 P_2O_5 平均品位为 17%左右，绝大部分磷矿必须经选矿富集后才能满足磷酸和高浓度磷肥生产要求。二是难选矿多，易选矿少。在已探明的储量中，沉积型磷块岩占我国总储量的 85%，而且大部分为中低品位矿石，除极少数富矿可直接作为高浓度磷复肥的生产原料外，绝大部分矿石需要经选别后才能满足高浓度磷复肥工业的生产要求。磷矿开采过程中磷矿山开采面的风化淋溶、废土石的不合理处置都会造成磷流失的产生。同时，我国磷矿较为密集的几个省份，降雨量也偏多，大气降水，尤其是酸雨淋溶，加速了磷矿床、废土石中的磷流失。同时，我国现在仍有非正规设计和无排土场的中小磷矿存在，加大了对水体水质的影响和破坏。在选矿加工的过程中，入选 1t 原矿需要用 2t 水，尾矿废水中主要污染物为总磷、化学需氧量、氟化物及可溶性盐，如果处理不当排入河中造成地表水体污染，库内积水更可危及地下水。

（2）磷化工行业

磷化工行业以磷矿为基础原料，主要通过湿法和热法加工为湿法磷酸和元素磷，进而进行后加工，生产农业用的化学肥料和工业领域应用的精细磷化工产品。全国主要磷化工企业集中在长江中上游区域。我国有八大磷矿生产基地，分别为云南昆阳，贵州开阳、翁福，湖北荆襄、宜昌和保康，四川金河、清平，全部集中在长江中上游。

长江沿线布局大量的磷肥制造企业，磷肥工业废水的基本特征是水量大，磷酸盐排放浓度高，废水处理工艺成熟，但并不普及。2014 年环境统计数据显示，全国共计 213 家规模以上磷肥制造企业，其中 199 家布局在长江经济带，全国 74%的磷肥制造企业集中在云南、湖北、贵州、四川，四省磷复肥产量占全国产量的 73.3%，是我国磷复肥的主要产区。云南云天化和贵州开磷（集团）、瓮福（集团）3 家企业产量超过 1.0Mt，占全国总产量的 30.9%。《第一次全国污染源普查公报》数据显示，化工行业位于各行业废水排放量的第四位，而磷肥工业的废水排放量约占化工行业废水排放量的 3%。磷肥废水磷酸盐排放浓度可高达上万 ppm①，尤其是氟加工废水，含有大量的磷酸、硫酸等，胶体颗粒很细，相对密度小，悬浮物不易沉降，固液分离效果差，导致了处理技术难度增加及处理费用的增高。国内磷肥企业大多采用二级中和沉淀法、三级中和沉淀法，并预留过滤装置处理废水，企业正常运转时，废水多处理后实现全部回用，但在雨季或企业生产调整的情况下，废水则处理后排放，水量大时很难保证稳定达标。

磷石膏仍然是磷化工产业发展的主要瓶颈。磷石膏是磷化工生产的固体废弃物，2014 年全行业磷石膏利用量达到 2 300 万 t，占当年产生量的 30.3%，仅贵州每年磷石膏造成的磷资源浪费就在 10 万 t 以上，以大量堆存和用于石膏建材等低值化、同质化利用为主。磷石膏综合利用在行业内发展很不平衡，平原地区由于交通便利，磷化工企业产生的磷石膏可以做到全部综合利用，而山区的磷化工企业产生的磷石膏由于运输等原因，无法充分综合利用。磷石膏的堆存在一些地区仍存在环保及安全问题，不容忽视。磷石膏长期的堆存不仅造成严重的环境危害而且造成巨大的资源浪费，还极大地制约了磷化工行业的可持续发展。

（3）其他行业

2013 年，从对各行业总磷排放负荷估算结果来看，全国大类行业中，化工、纺织、农副食品加工、饮料制造、造纸行业总磷排放量合计占工业排放量的 74.8%。小类行业中，淀粉制造、磷肥制造行业总磷排放浓度较高，排放量较大（王军霞等，2015）。而长江经济带是我国纺织行业发展的重点区域。2014 年，长江经济带纺织业废水排放量为 11.1 亿 t，占区域工业废水排放总量的 14.1%，纺织废水总磷污染防治对控制工业源磷排放意义重大。纺织业中的总磷污染主要来源于印染行业，而印染废水中的磷来源主要是含磷洗涤剂，废水磷浓度可达到每升数十毫克。虽然随着国家大力推广无磷洗涤剂，对含磷洗涤剂限制使用的力度加大后，印染废水中磷含量随之减少，但是印染废水排放量高，总体量相对还是较大。

① 1ppm=1×10^{-6}。下同。

（二）大气污染行业排放情况

长江沿江重化工业企业林立，聚集着全国 30%的石化产业和 40%的水泥产业企业，这些高消耗、高污染的化工企业在生产过程中排放大量的废气（张慧等，2019；汪克亮等，2017）。虽然相对于水污染来说，大气污染并不是长江经济带的主要环境问题，但也不容忽视。

2017 年，长江经济带二氧化硫、氮氧化物、烟粉尘的排放量分别为 322 万 t、441 万 t 和 227 万 t，分别占全国排放量的 37%、35%和 29%。成渝城市群、武汉城市群和长三角地区存在 O_3 污染问题，尤以长三角地区问题最为突出（张慧等，2019）。另外，城市垃圾焚烧和汽车排放的废气也造成长江经济带大气污染日益严峻。近年来，在秋季、冬季长三角与成都平原地区雾霾频发。在大气环流及大气化学的双重作用下，长江经济带各省市间的大气污染相互影响，加重了城市群大气污染。同时，长江经济带大气污染排放效率较低，大气污染减排潜力较大（张慧等，2019）。

从图 6-17～图 6-19 中看到，长江经济带大气污染物排放量总体呈下降趋势。从 11 省市来看，贵州、江苏、四川的二氧化硫排放量最高，上海、云南、安徽的排放量较低；江苏、安徽、浙江的氮氧化物排放量最高，重庆、上海、云南的氮氧化物排放量较低；江苏、安徽、江西的烟粉尘排放量最高，重庆、上海、浙江的烟粉尘排放量较低。

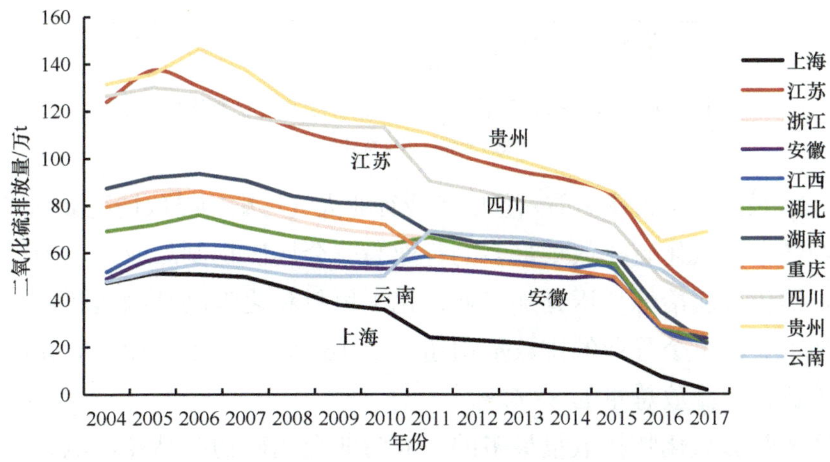

图 6-17　2004～2017 年长江经济带二氧化硫排放变化情况图

数据来源：国家统计局

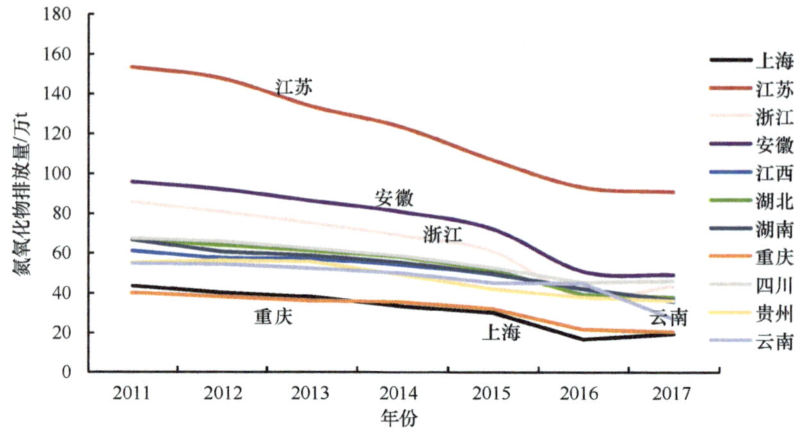

图 6-18　2011～2017 年长江经济带氮氧化物排放变化情况图

数据来源：国家统计局

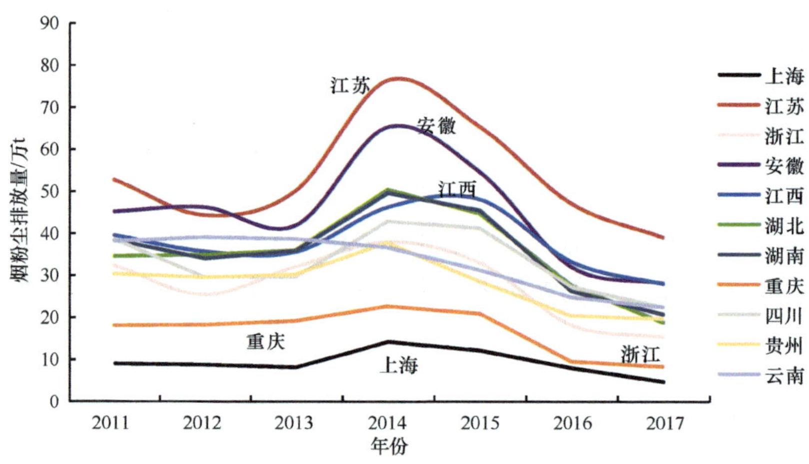

图 6-19　2011～2017 年长江经济带烟粉尘排放变化情况图

数据来源：国家统计局

2017 年，长江经济带排名前六位的工业行业大气污染物排放情况如图 6-20 所示。

长江经济带二氧化硫排放量最多的行业为非金属矿物制品业，电力、热力生产和供应业，黑色金属冶炼和压延加工业，化工原料和化学制品制造业，有色金属冶炼和压延加工业，单个行业的排放量均超过了 16 万 t，5 个行业二氧化硫排放量占二氧化硫工业行业排放总量的 88.62%。

长江经济带氮氧化物排放量最多的行业为非金属矿物制品业，电力、热力生产和供应业，黑色金属冶炼和压延加工业，化工原料和化学制品制造业，有色金属冶炼和压延加工业，石油、煤炭及其他燃料加工业，单个行业的排放量均超过了 5 万 t，6 个行业氮氧化物排放量占氮氧化物工业行业排放总量的 91.14%。

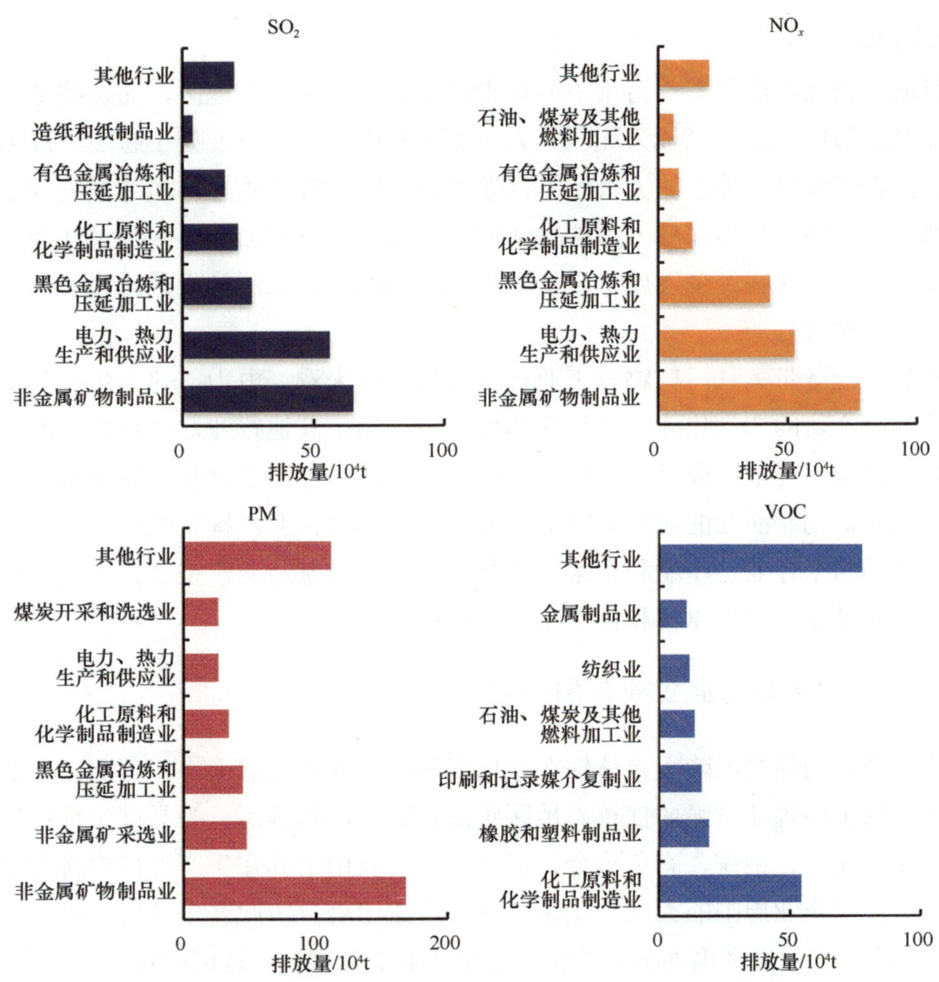

图 6-20 2017 年长江经济带排名前六位的工业行业大气污染物排放情况

长江经济带颗粒物排放量最多的行业为非金属矿物制品业，非金属矿采选业，黑色金属冶炼和压延加工业，化工原料和化学制品制造业，电力、热力生产和供应业，煤炭开采和洗选业，有色金属矿采选业，金属制品业，有色金属冶炼和压延加工业，单个行业的排放量均超过了 10 万 t，9 个行业颗粒物排放量占颗粒物工业行业排放总量的 85.10%。

长江经济带挥发性有机污染物排放量最多的行业为化工原料和化学制品制造业，橡胶和塑料制品业，印刷和记录媒介复制业，石油、煤炭及其他燃料加工业，纺织业，金属制品业，家具制造业，医药制造业，皮革、毛皮、羽毛及其制品和制鞋业，汽车制造业，造纸和纸制品业，非金属矿物制品业，单个行业的排放量均超过 5 万 t，12 个行业挥发性有机污染物排放量占挥发性有机污染物工业行业排放总量的 91.14%。

目前，长江经济带大气污染主要集中在成渝平原和云南地区，而这些地区恰恰是长江经济带中生态环境较为脆弱、人口相对集中、经济发展处于起步阶段的关键地区。能否缓解这些地区的大气污染问题涉及长江经济带生态环境的系统完整性，更关系到长江经济带大部分人口的生活质量。成渝平原和云南地区是长江经济带中的污染集中区，而在经济发展水平最高的长三角地区，水污染问题较为突出（杜雯翠和江河，2019）。

从长江经济带大气污染物分工业行业排放强度来看，电力、热力生产和供应业单位工业总产值的二氧化硫、氮氧化物排放量远高于其他行业，排在第二的是非金属矿物制品业，开采专业及辅助性活动单位工业总产值的二氧化硫排放量排在第三位。非金属矿物制品业的颗粒物排放强度远高于其他行业。挥发性有机污染物排放强度最高的四个行业是印刷和记录媒介复制业，家具制造业，皮革、毛皮、羽毛及其制品和制鞋业，化工原料和化学制品制造业。

（三）环境风险行业企业布局情况

工业企业的环境风险主要体现在布局和危险废弃物排放上，一方面，工业企业与水体、保护地等环境脆弱性较高地区距离较近时，其排污行为易产生环境风险；另一方面，化工、钢铁、有色冶金、石化等重工业由于其在生产过程中排放的危险废物，可能对企业周围的人居、生态等环境造成污染，由此产生环境风险。长期以来，长江沿岸工业高密度布局，是我国多个产业的集聚区，区域内环境风险点众多，产业结构和布局不合理造成的累积性、叠加性和潜在性的环境风险问题突出。

1）产业布局增大环境风险。长江经济带是我国产业和人口最密集的区域之一，沿江、沿河工业企业、园区密集，取水口和排污口交错，从企业到水源地之间的监控预警及应对措施不健全，一旦发生泄漏事故或非法排污，将直接威胁下游取水口的水质安全。同时，作为水资源禀赋最为充沛的流域，在“南水北调”的国家战略背景下，长江流域的水安全关系到全国多地的水资源和水环境安全。以位于湖北的长江一级支流汉江为例，2018 年 11 月，国家发展和改革委员会印发《汉江生态经济带发展规划》，提出支持荆门建设石油化工、农产品加工和通用航空基地；《湖北汉江生态经济带开放开发总体规划（2014—2025 年）》提出，建设具有较强竞争力的磷盐化工产业集群，重点在襄阳、荆门、孝感等地发展磷化工产业，潜江、天门、应城、云梦等地发展盐化工产业；与此同时，荆州江陵绿色能源化工产业园区建设已上升为省级战略，湖北省明确支持其发展现代煤化工产业。上述大量水污染产业的集聚布局将进一步增加污染物排放，加大水华发生风险。此外，未来汉江水资源开发利用率将超过40%，枯水期的水环境容量将进一步降低，大大增加了长江流域一级支流的水环境质量超标风险。

2）环境风险防控机制薄弱。长江流域产业发达，企业数量众多，但企业入园率低，有半数甚至更多的企业未入园，散布在园区外的企业有些按照监测点进行管理，有些甚至存在无环境风险防控措施的状态。对于园区内企业，部分园区污染防控水平不高，环境风险防控主体责任不到位，园区三级风险防范体系不规范，导致事故污水外泄等突发环境事件频发。部分园区监控预警、应急导流和暂存防护工程建设滞后，处理应急事故过程易造成新的环境污染。例如，个别园区存在以天然河道作为接纳园区企业事故污水和初期雨水的事故池，这些河道兼顾防洪排涝和灌溉功能，导致大量未经处理的废水直接进入雨水系统后排入河道、耕地；部分园区还存在无专门的事故应急池及调节池或池容严重不足、未设置应急截断闸门或阀门无法有效预警、截断、收集并妥善处置事故废水等问题，加上取水口与排污口交错，从企业到水源地之间的监控预警及应对措施不健全，一旦发生泄漏，无法保障饮用水源地安全。

三、产业绿色高质量发展与布局战略对策

（一）加快推进传统制造业绿色化改造

1. 大力推进清洁生产

按照《中华人民共和国清洁生产促进法》，引导和支持沿江工业企业依法开展清洁生产审核，鼓励探索重点行业企业快速审核和工业园区、集聚区整体审核等新模式，全面提升沿江重点行业和园区清洁生产水平。在沿江有色、磷肥、氮肥、农药、印染、造纸、制革和食品发酵等重点耗水行业，加大清洁生产技术推行方案实施力度，从源头减少水污染。实施中小企业清洁生产水平提升计划，构建“互联网+”清洁生产服务平台，鼓励各地政府购买清洁生产培训、咨询等相关服务，探索免费培训、义务诊断等服务模式，引导中小企业优先实施无费、低费方案，鼓励和支持实施技术改造方案。

2. 实施能效提升计划

推动长江经济带煤炭消耗量大的城市实施煤炭清洁高效利用行动计划，以焦化、

煤化工、工业锅炉、工业炉窑等领域为重点，提升技术装备水平、优化产品结构、加强产业融合，综合提升区域煤炭高效清洁利用水平，实现减煤、控煤、防治大气污染。在钢铁和铝加工产业集聚区，推广电炉钢等短流程工艺和铝液直供。积极推进利用钢铁、化工、有色、建材等行业企业的低品位余热向城镇居民供热，促进产城融合。

3. 加强资源综合利用

大力推进工业固体废物综合利用，重点推进中上游地区磷石膏、冶炼渣、粉煤灰、酒糟等工业固体废物综合利用，加大中下游地区化工园区废酸和废盐等减量化、安全处置和综合利用力度，选择固体废物产生量大、综合利用有一定基础的地区，建设一批工业资源综合利用基地。鼓励地方政府在沿江有条件的城市推动水泥窑协同处置生活垃圾。推进再生资源高效利用和产业发展，严格废旧金属、废塑料、废轮胎等再生资源综合利用企业规范管理，搭建逆向物流体系信息平台。

4. 开展绿色制造体系建设

在长江经济带沿江城市中，选择工业比例高、代表性强、提升潜力大的城市，结合主导产业，围绕传统制造业绿色化改造、绿色制造体系建设等内容，综合提升城市绿色制造水平，打造一批具有示范带动作用的绿色产品、绿色工厂、绿色园区和绿色供应链。推动长江经济带重点行业领军企业牵头组成联合体，围绕绿色设计平台建设、绿色关键工艺突破、绿色供应链构建，推进系统化绿色改造，在机械、电子、食品、纺织、化工、家电等领域实施一批绿色制造示范项目，引领和带动长江经济带工业绿色发展。

5. 推动沿江产业结构的高端化、低碳化、绿色化

改造升级传统重化工型产业，发展壮大先进制造业、高技术产业与战略性新兴产业。加快钢铁、石化、建材、有色金属、纺织等“两高一剩”产业技术改造步伐，加强国际产能合作，逐步消解过剩产能，提升传统支柱产业绿色化生产水平，增强市场竞争力与发展潜力。同时立足产业发展根基和科教资源优势，依托国家重大项目和重点工程，加快发展高端装备制造、新一代信息技术、节能环保、生物技术、新材料、新能源等技术密集型、知识密集型产业，培育形成若干世界级绿色高新技术产业集群（相关资料见工业和信息化部等于 2017 年发布的“关于加强长江经济带工业绿色发展的指导意见”）。

（二）不断优化长江经济带工业布局

1. 以生态承载力为底线建立合理的产业开发格局

长江经济带上游、中游、下游之间存在显著的产业梯度和要素禀赋差异，产业能级沿长江流向呈现递增趋势，要素丰裕度则沿长江流向递减。在要素价格普遍上涨的当前，上游、中游、下游地区之间应该立足于自身的比较优势展开更高层次的分工合作，对符合比较优势的区域特色产业应加以优化升级，对比较优势错位的产业则可以利用天然的长江航道和发达的沿江综合运输体系实施产业转移，淘汰落后产能，对高能耗、高污染企业实现关停并转，实现产业合理布局。

长江经济带下游沿江地区聚焦创新驱动和绿色发展，重点发展现代服务业、先进制造业和战略性新兴产业，着力建设研发集聚中心和高端制造基地，形成服务经济为主导、智能制造和绿色制造为支撑的现代产业体系；中游沿江地区加快转型升级，引导产业集聚发展，优化服务业发展结构，着力打造先进制造业基地，构建具有区域特色的产业体系；上游沿江地区突出绿色发展，重点发展区域优势特色产业，创新发展模式和业态，高起点、有针对性地承接国内外产业转移，实现产业集群式、链条式、配套式绿色发展。

2. 基于生态环境承载力实施产业负面准入清单

实施长江经济带产业发展市场准入负面清单，明确禁止和限制发展的行业、生产工艺、产品目录。严格控制沿江石油加工、化工原料和化学制品制造、医药制造、化学纤维制造、有色金属、印染、造纸等项目环境风险，进一步明确本地区新建重化工项目到长江岸线的安全防护距离，合理布局生产装置及危险化学品仓储等设施。

3. 规范工业集约集聚发展

推动沿江城市建成区内现有钢铁、有色金属、造纸、印染、电镀、化工原料药制造、化工等污染较重的企业有序搬迁改造或依法关闭。推动位于城镇人口密集区内，安全、卫生防护距离不能满足相关要求和不符合规划的危险化学品生产企业实施搬迁改造或依法关闭。新建项目应符合国家法规和相关规范条件要求，企业投资管理、土地供应、节能评估、环境影响评价等要依法履行相关手续。实施最严格的资源能源消耗、环境保护等方面的标准，对重点行业加强规范管理。

4. 引导优势产业跨区域转移

鼓励沿江省市创新工作方法，强化生态环境约束，建立跨区域的产业转移协调机制。充分发挥国家自主创新示范区、国家高新区的辐射带动作用，创新区域产业合作模式，提升区域创新发展能力。加强产业跨区域转移监督、指导和协调，着力推进统一市场建设，实现上下游区域良性互动。发挥国家产业转移信息服务平台的作用，不断完善产业转移信息沟通渠道。依托国家级、省级开发区，有序建设沿江产业发展轴，合理开发沿海产业发展带，重点打造长江三角洲、长江中游、成渝、黔中和滇中五大城市群产业发展圈。大力培育电子信息产业、高端装备产业、汽车产业、家电产业和纺织服装产业五大世界级产业集群。

利用现有产业基础，加强产业协作，整合延伸产业链条，突破核心关键技术，培育知名自主品牌，依托国家级、省级开发区，在电子信息、高端装备、汽车、家电、纺织服装五大领域培育集聚效应高、创新能力强、品牌影响大、具有国际先进水平的世界级制造业集群，形成空间布局合理、区域分工协作、优势互补的产业发展新格局。

专栏4　长江经济带五大领域制造业集群

1）电子信息产业集群。依托上海、江苏、湖北、重庆、四川，着力提升集成电路设计水平，突破核心通用芯片技术，探索新型材料产业化应用，提升封装测试产业发展能力。在合肥、重庆发展新型平板显示制造，提高高世代掩膜板等关键产品的供应水平。依托上海、江苏、浙江、湖北、四川、贵州，重点发展行业应用软件、嵌入式软件、软件和信息技术服务，培育壮大大数据服务业态。在物联网重大应用示范工程区域试点省市和云计算示范城市，加快物联网、云计算技术研发和应用示范，推进产业发展与民生服务及能源、环保、安监等领域的深度融合。

2）高端装备产业集群。依托上海、四川、江西、贵州、重庆、湖北、湖南，整合优势产业资源，发展航空航天专用装备。在浙江、安徽、湖南、重庆、湖北、四川、云南发展高档数控机床、工业机器人、3D（三维立体）打印、智能仪器仪表等智能制造装备。在上海、浙江、江苏、湖北、四川、重庆、湖南，发展海洋油气勘探开发设备、系统、平台等海洋工程装备或配套设施。在湖南、安徽、四川、贵州发展高铁整车及零部件制造。在湖南、重庆、浙江、江苏发展城市轨道车辆制造。在上海、江苏、浙江、湖南、重庆、安徽、四川，发展大型工程机械整车及关键核心部件制造。

3）汽车产业集群。依托上海、南京、杭州、宁波、武汉、合肥、芜湖、长沙、重庆、成都等地现有汽车及零部件生产企业，提高整车和关键零部件创新能力，推进低碳化、智能化、网联化发展。依托浙江、安徽、湖北、江西、湖南等零部件生产基地，大力发展汽车零部件产业，重点提升动力、电子等关键系统、零部件的技术和性能，形成中国品牌汽车核心关键零部件自主供应能力。在上海、江苏、安徽、湖北、重庆、四川，重点发展新能源汽车，积极发展智能网联汽车，重点支持动力电池与电池管理系统、驱动电机及控制系统、整车控制和信息系统、电动汽车智能化技术、快速充电等关键技术研发。

4）家电产业集群。以江苏、安徽为重点区域，做强家电生产基地，按照智能化、绿色化、健康化发展方向，完善产业链，加快智能技术、变频技术、节能环保技术、新材料与新能源应用、关键零部件升级等核心技术突破，重点发展智能节能环保变频家电、健康厨卫电器、智能坐便器、空气源热泵空调、大容量冰箱和洗衣机等高品质家电产品，推动家电产品从国内知名品牌向全球品牌转变。

5）纺织服装产业集群。以长江三角洲地区为重点，推动形成纺织服装设计、研发和贸易中心，提升高端服装设计创新能力。在湖南、湖北、安徽、江西、四川、重庆等地建设现代纺织生产基地，推动区域纺织服装产业合理分工。依托云南、贵州等地蚕丝和麻资源、少数民族纺织传统工艺、毗邻东南亚等优势，大力发展旅游纺织品。在江苏、浙江加快发展差别化纤维、高技术纤维和生物质纤维技术及产业。依托安徽、江西、湖南、湖北、四川等地，加强资源集聚和产业整合，全面推进清洁印染生产，推行节能降耗技术。

专栏5　长江经济带五大城市群产业发展圈

1）长江三角洲城市群。以上海为核心，依托南京都市圈、杭州都市圈、合肥都市圈、苏锡常都市圈、宁波都市圈，强化沿海、沿江、沪宁合杭甬（上海、南京、合肥、杭州、宁波）、沪杭金（上海、杭州、金华）聚合发展，聚焦电子信息、装备制造、钢铁、石化、汽车、纺织服装等产业集群发展和产业链关键环节创新，改造提升传统产业，大力发展金融、商贸、物流、文化创意等现代服务业，建设具有全球影响力的科技创新高地和全球重要的现代服务业和先进制造业中心。

2）长江中游城市群。增强武汉、长沙、南昌中心城市功能，依托武汉城市圈、环长株潭城市群、环鄱阳湖城市群，以"两横三纵"（沿长江、沪昆高铁、京广通道、京九通道、二广高速）为轴线，重点发展轨道交通装备、工程机械、航空、电子信息、生物医药、商贸物流、纺织服装、汽车、食品等产业，推动石油化工、钢铁、有色金属产业转型升级，建设具有全球影响力的现代产业基地和全国重要创新基地。

3）成渝城市群。提升重庆和成都双核带动功能，依托成渝发展主轴、沿江城市带和成德绵乐城市带，重点发展装备制造、汽车、电子信息、生物医药、新材料等产业，提升和扶持特色资源加工和农林产品加工产业，积极发展高技术服务业和科技服务业，打造全国重要的先进制造业和战略性新兴产业基地、长江上游地区现代服务业高地。

4）黔中城市群。增强贵阳产业配套和要素集聚能力，以贵阳–安顺为核心，以贵阳–遵义，贵阳–都匀、凯里，贵阳–毕节为轴线，重点发展资源深加工、能源与矿产装备、航空、特色轻工、新材料、新能源、电子信息等优势产业和战略性新兴产业，推进大数据应用服务基地建设，构建大健康养生产业体系，打造国家重要能源资源深加工、特色轻工业基地和西部地区装备制造业、战略性新兴产业基地。

5）滇中城市群。提升昆明面向东南亚、南亚开放的中心城5市功能，以昆明为核心，以曲靖—昆明—楚雄、玉溪—昆明—昭通为轴线，重点发展生物医药、大健康、物流、高原特色现代农业、新材料、装备制造、食品等产业，改造升级烟草、冶金化工等传统优势产业，打造面向西南开放重要桥头堡的核心区、国家现代服务业基地和先进制造业基地。

5. 严控高耗能、高污染项目跨区域转移

对造纸、焦化、氮肥、有色金属、印染、化学原料药制造、制革、农药、电镀等产业的跨区域转移进行严格监督，对承接的项目进行备案或核准，实施最严格的环保、能耗、水耗、安全、用地等标准。严禁国家明令淘汰的落后生产能力和不符合国家产业政策的项目向长江中上游转移（国务院，2014）。

（三）进一步优化长江经济带产业结构

1. 依法依规淘汰落后和化解过剩产能

结合长江经济带生态环境保护要求及产业发展情况，依据法律法规和环保、质量、安全、能效等综合性标准，淘汰落后产能，化解过剩产能。严禁钢铁、水泥、电解铝、船舶等产能严重过剩行业扩能，不得以任何名义、任何方式核准、备案新增产能项目，做好减量置换，为新兴产业腾出发展空间。严格控制长江中上游磷肥生产规模。严防“地条钢”死灰复燃。加大国家重大工业节能监察力度，重点围绕钢铁、水泥等高耗能行业能耗限额标准落实情况、阶梯电价执行情况开展年度专项监察，对达不到标准的实施限期整改，加快推动无效产能和低效产能尽早退出。

2. 加快重化工企业技术改造

全面落实国家石化、钢铁、有色金属工业“十三五”规划，发挥技术改造对传统产业转型升级的促进作用，加快沿江现有重化工企业生产工艺、设施（装备）改造，改造的标准应高于行业全国平均水平，争取达到全国领先水平。推广节能、节水、清洁生产新技术、新工艺、新装备、新材料，推进石化、钢铁、有色、稀土、装备、危险化学品等重点行业智能工厂、数字车间、数字矿山和智慧园区改造，提升产业绿色化、智能化水平，使沿江重化工企业技术装备和管理水平走在全国前列，引领行业发展。

3. 大力发展智能制造和服务型制造

在长江经济带有一定工作基础、地方政府积极性高的地区，探索建设智能制造示范区，鼓励中下游地区智能制造率先发展，重点支持中上游地区提升智能制造水平。加快在数控机床与机器人、增材制造、智能传感与控制、智能检测与装配、智能物流与仓储五大领域，突破一批关键技术和核心装备制造限制。在流程制造、离散型制造、网络协同制造、大规模个性化定制、远程运维服务等方面，开展试点示范项目建设，制定和修订一批智能制造标准。大力发展生产性服务业，引导制造业企业延伸服务链条，推动商业模式创新和业态创新。

4. 发展壮大节能环保产业

大力发展长江经济带节能环保产业，在重庆、无锡、成都、长沙、武汉、杭州、盐城、昆明等地重点推动节能环保装备制造业集群化发展，在江苏、上海、重庆等地不断提升节能环保技术研发能力及节能环保服务业水平，在上海临港、合肥、马鞍山和彭州等地加快建设再制造产业集聚区，着力发展航空发动机关键部件、工程机械、重型机床等机电产品再制造特色产业。加强节能环保服务公司与工业企业紧密对接，推动企业采用第三方服务模式，壮大节能环保产业（成长春，2018）。

（四）持续加大产业环境风险防控力度

1. 强化环境风险防控机制建设

提升区域环境风险防控能力建设。推动重点环境风险企业入园、完善园区环保基础设施建设、实施产业园区环境风险排查、强化园区环境监管体系和环境风险控制等措施，园区前端注重项目准入和产业循环化、绿色化产业链的构建，末端提升环境风险防控能力建设及环境管理能力提升，实现园区“规划高起点，建设高质量，管理高水平”。研究制定长江沿岸地区持久性有机污染物控制对策，全面系统评估工业企业等持久性有机污染物排放对饮用水源地的安全风险和对水生态系统的长期损害。

2. 产业结构调整与优化

以流域水环境承载力为硬约束，从环保治污措施和产业调控措施双管齐下，降低流域水生态风险。加强源头控制，从国家产业政策战略高度调整长江中下游地区的产业发展战略，严格控制高耗水和水污染产业发展。重点对涉水类产业布局、结构和规模进行调整，确保区域支柱产业发展与水环境承载力协调。优先推进流域内污染排放负荷比例高的化工、印染、造纸等行业实施水污染特别排放限值，倒逼高污染产业转型，促进产业绿色发展。全面实行流域氨氮及总磷等的指标的特别排放限值，加快实施城镇及工业园区污水处理厂的升级改造，全面降低流域水污染负荷。加大国家生态补偿力度，研究调水收益区对减水区的补偿政策。

3. 确保集中式饮用水水源环境安全

优化沿江取水口和排污口布局，在适宜取水区上游设置缓冲区。强化对水源周边可能影响水源安全的制药、化工、造纸、采选、制革、印染、电镀、农药等重点行业、重点企业的执法监管。以地级及以上饮用水水源为重点，在水源周边高风险区域建设风险企业与关联水源三级风险防控工程。以县级以上集中式饮用水水源为重点，推动无备用水源城市规划、建设备用水源，编制应急供水预案。

4. 严防交通运输次生突发环境事件风险

加强水上危险化学品运输安全环保监管和船舶溢油风险防范，实施船舶环境风险全程跟踪监管，严防严处危险化学品非法运输。加快推广应用低排放、高能效、标准化的节能环保型船舶，建立健全船舶环保标准，完善船舶污染物的接收处置能力。提高准入门槛，严格落实内河油品和危险化学品运输禁运相关要求。加强危险化学品道路运输风险管控，加快推进危险化学品运输车辆加装全球定位系统实时传输及危险快速报警系统，优化调整涉及集中式饮用水水源、自然保护区等的危险化学品运输路线。

5. 实施有毒有害物质全过程监管

全面调查长江经济带危险废物产生、转移、储存、综合利用和处置情况，摸清危险废物底数和风险点位。严格控制危险废物、危险化学品非法转运。加快重点区域危险废物无害化利用和处置工程的提标改造和设施建设，推进尾矿库、渣场等历史遗留危险废物处理。重化工产业集聚区应开展优先控制污染物的筛选评估工作。严格新建、改建、扩建有毒有害化学品项目的审批。

主要参考文献

陈妍, 梅林. 2018. 东北地区资源型城市转型过程中社会–经济–环境协调演化特征. 地理研究, 37(2): 307-318.

成长春. 2018. 以产业绿色转型推动长江经济带绿色发展. http://www.ce.cn/xwzx/gnsz/gdxw/201803/01/t20180301_28300985.shtml [2018-3-1].

杜雯翠, 江河. 2019. 国家战略区域主要环境问题识别与生态环境分区管治策略. 中国环境管理, 11(3): 50-56.

樊芷芸, 黎松强. 2004. 环境学概论(第二版). 北京: 中国纺织出版社.

国务院. 2014. 关于依托黄金水道推动长江经济带发展的指导意见[国发〔2014〕39号]. http://www.gov.cn/xinwen/2014-09/25/content_2756090.htm [2014-9-25].

廖重斌. 1999. 环境与经济协调发展的定量评判及其分类体系: 以珠江三角洲城市群为例. 热带地理, 19(2): 76-82.

刘薇. 2009. 区域生态经济理论研究进展综述. 北京林业大学学报(社会科学版), 8(3): 142-147.

刘耀彬. 2007. 城市化与生态环境耦合机制及调控研究. 北京: 经济科学出版社.

卢虹虹. 2012. 长江三角洲城市群城市化与生态环境协调发展比较研究. 上海: 复旦大学硕士学位论文.

鲁丰先. 2009. 河南省综合生态承载力研究. 郑州: 河南大学博士学位论文.

马静, 邓宏兵. 2016. 国外典型流域开发模式与经验对长江经济带的启示. 区域经济评论, (2): 145-151.

马世骏, 王如松. 1984. 社会–经济–自然复合生态系统. 生态学报, (1): 1-9.

彭智敏, 冷成英. 2015. 基于聚集视角的长江经济带各省市制造业比较优势研究. 南通大学学报(社会科学版), 31(5): 9-14.

祁敖雪, 杨庆媛, 毕国华, 等. 2018. 我国三大城市群生态环境与社会经济协调发展比较研究. 西南师范大学学报(自然科学版), 43(12): 75-84.

孙黄平, 黄震方, 徐冬冬, 等. 2017. 泛长三角城市群城镇化与生态环境耦合的空间特征与驱动机制. 经济地理, 37(2): 163-170.

汪克亮, 刘蕾, 孟祥瑞, 等. 2017. 区域大气污染排放效率: 变化趋势、地区差距与影响因素: 基于长江经济带11省市的面板数据. 北京理工大学学报(社会科学版), 19(6): 38-48.

王军霞, 李莉娜, 陈敏敏, 等. 2015. 中国重点污染源总磷、总氮排放状况研究. 环境污染与防治, 37(10): 98-103.

王如松. 1988. 高效·和谐: 城市生态调控原则与方法. 长沙: 湖南教育出版社.

吴一凡, 刘彦随, 李裕瑞. 2018. 中国人口与土地城镇化时空耦合特征及驱动机制. 地理学报, 73(10): 1865-1879.

杨士弘. 1994. 广州城市环境与经济协调发展预测及调控研究. 地理科学, (2): 136-143.

杨士弘. 2003. 城市生态环境学. 北京: 科学出版社.

尹稚, 王晓东, 郑筱津, 等. 2018. 中国城镇化与城乡发展建设的绿色化道路探究. 北京: 清华大学出版社.

于洋, 张丽梅, 陈才. 2019. 我国东部地区经济—能源—环境—科技四元系统协调发展格局演变. 经济地理, 39(7): 14-21.

张慧, 高吉喜, 乔亚军. 2019. 长江经济带生态环境形势和问题及建议. 环境与可持续发展, 44(5): 28-32.

钟茂初, 孙坤鑫. 2017. 依据生态承载力重新划分区域. https://www.sohu.com/a/133452215_162758 [2018-6-30].

Berrens R P, Bohara A K, Gawande K, *et al*. 1997. Testing the Inverted-U Hypothesis for US Hazardous Waste: An Application of the Generalized Gamma Model. Economics Letters, 55(3): 435-440.

Gene M G, Alan B K. 1995. Economic Growth and the Environment. Quarterly Journal of Economics, 110: 353-377.

Holling C S, Gunderson L H, Ludwig D. 2002. In Quest of a Theory of Adaptive Change. Washington: Island Press.

Kathleen S, P1earce D W, Turner R K. 1991. Economics of Natural Resources and the Environment. Land Economics, 67(2): 272.

Kenneth J B, David W P. 1989. Improving the Urban Environment: How to Adjust National and Local Government Policy for Sustainable Urban Growth. Progress in Planning, 32(3): 135-184.

Norgaard R B. 1990. Economic Indicators of Resource Scarcity: A Critical Essay. Journal of Environmental Economics and Management, 19(1): 19-25.

Rees W E. 1996. Revisiting Carrying Capacity: Area-based Indicators of Sustainability. Population and Environment, 17(3): 195-215.

Wackernagel M, Onisto L, Linares A C, *et al*. 1997. Ecological Footprints of Nations. How Much Nature Do They Use? How Much Nature Do They Have? Xalapa Enríquez: Universidad Anáhuac de Xalapa.